新型农民职业技能培训系列丛书

新技术
新热点

防 水 工

郭字海 主编

U0304227

中国农业科学技术出版社

图书在版编目（CIP）数据

防水工／郭字海主编. —北京：中国农业科学技术出版社，2011.8

ISBN 978 - 7 - 5116 - 0561 - 0

Ⅰ.①防…　Ⅱ.①郭…　Ⅲ.①建筑防水 – 工程施工　Ⅳ.①TU761.1

中国版本图书馆 CIP 数据核字（2011）第 131496 号

责任编辑	朱　绯
责任校对	贾晓红　范　潇

出 版 者	中国农业科学技术出版社
	北京市中关村南大街 12 号　邮编：100081
电　　话	(010)82106638(编辑室)　　(010)82109704(发行部)
	(010)82109703(读者服务部)
传　　真	(010)82106624
网　　址	http://www.castp.cn
经 销 者	各地新华书店
印 刷 者	中煤涿州制图印刷厂
开　　本	850mm ×1 168mm　1/32
印　　张	4.25
字　　数	110 千字
版　　次	2011 年 8 月第 1 版　2011 年 8 月第 1 次印刷
定　　价	12.00 元

序　言

　　农村劳动力转移，是我国从城乡二元经济结构向现代社会经济结构转变过程中的一个重大战略问题。解决好这个问题，不仅直接关系到从根本上解决农业、农村、民生问题，而且关系到工业化、城镇化乃至整个现代化的健康发展。十七届三中全会《决定》中继续强调"引导农民有序外出就业"的同时，特别提出"鼓励农民就近转移就业，扶持农民工返乡创业"。因此，顺应农民对小康生活的美好期待，抓住时机，进一步加大对农村劳动力转移培训力度，大力发展劳务经济，对稳定和提高农民收入，开创社会主义新农村建设的新局面，具有十分重要的现实意义。

　　为便于实施劳动力转移技能培训，配合国家有关政策的落实，特别是针对开展以提高农村进城务工人员、就业与再就业人员就业能力和就业率为目标的职业技能培训，我们依据相应职业、工种的国家职业标准和岗位要求，组织有关专家、技术人员和职业培训教学人员编写了这套"易看懂、易学会、用得上、买得起"的全国农民工职业技能短期培训教材，以满足广大劳动者职业技能培训的迫切需要。

　　这套教材涉及了第二产业和第三产业的多个职业、工程，针对性很强。适用于各级各类教育培训机构、职业学校等短期职业技能培训使用，特别是针对农村进城务工人员培训、就业与再就业培训、企业培训和劳动预备制培训等，同时也是"农家书屋"的首选图书；在此，也欢迎职业学校、培训机构和读者对教材中的不足之处提出宝贵意见和建议。

编　者

2011 年 5 月

目　录

第一章　防水工基础知识

第一节　房屋构造基本知识

一、民用建筑

一栋民用建筑，一般是由基础、墙或柱、楼地层（楼板与楼地面）、楼梯、屋顶和门窗等六大部分组成，如图1-1所示。它们各自在不同的部位，发挥着各自的作用。

在这些建筑物的基本组成中，基础、墙和柱、楼板、屋顶等是建筑物的主要组成部分，门窗、楼梯、地面等是建筑物的附属部分。

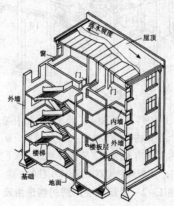

图1-1　建筑物的组成

二、工业建筑

工业建筑主要是指人们可在其中进行工业生产活动的生产用房，又称工业厂房。

· 1 ·

工业厂房按屋数分为单屋工业厂房和多屋工业厂房。按其主体承重结构的不同，分为排架结构和框架结构。排架结构是指由柱与屋架组成的平面骨架，其间用纵向支撑及连系构件等拉结；框架结构是指由柱与梁组成的立体骨架。单层工业厂房常用排架结构，多层工业厂房常采用框架结构，其构造与民用建筑基本相似。

下面以单层工业厂房为例，简要介绍工业建筑的有关构造。

单层工业厂房是工业建筑中最为常见的厂房形式，一般由组成排架的承重骨架和围护结构两部分组成。承重骨架采用钢筋混凝土构件或钢材制作。单层工业厂房主要由基础、柱子、吊车梁、屋盖系统和围护结构组成，如图 1-2 所示。

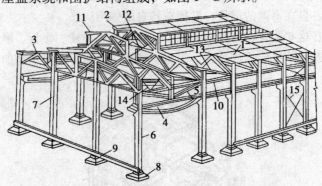

1. 屋面板；2. 天沟板；3. 屋架；4. 吊车梁；5. 托架；6. 排架柱；

7. 抗风柱；8. 基础；9. 基础梁；10. 连系梁；11. 天窗架；

12. 天窗架垂直支撑；13. 屋架下弦纵向水平支撑；

14. 屋架端部垂直支撑；15. 柱间支撑

图 1-2　单层工业厂房的构造组成

1. 基础

基础承受作用在柱子上的全部荷载，以及基础梁传来的部分荷载，并将其传递给地基。

2. 柱子

柱子承受屋架、吊车梁、外墙和支撑传来的荷载，并传递给地基。

3. 吊车梁

吊车梁支承在柱子的牛脚上，承受吊车自重、起吊重量和刹车时产生的水平作用力，并将其传递给柱子。

4. 屋盖系统

屋盖系统由屋架、屋面板、天窗架等构件组成：

（1）屋架。屋架是单层工业厂房排架系统中的主构件，支撑在柱子上，承受屋盖系统的全部荷载，并将其传递给柱子。

（2）托架。当柱子间距比屋架间距大时，用托架支撑屋架，并将其所承受的荷载传递给柱子。

5. 支撑系统

支撑系统包括设置在屋架之间的屋架支撑和设置在纵向柱列之间的柱间支撑。支撑系统主要传递水平风荷载及吊车产生的水平荷载，保证厂房的空间刚度及稳定性。

6. 围护结构

单层厂房的围护结构主要承受风荷载和自重，并将这些荷载传给柱子，再传到地基。一般包括外墙、地面、门窗、天窗、屋顶等。

第二节　建筑施工图识读

一、施工图的分类

（一）建筑施工图

建筑施工图基本图纸包括：建筑总平面图、平面图、立面图和详图等；其建筑详图包括墙身剖面图、楼梯详图、浴厕详图、门窗详图及门窗表，以及各种装修、构造做法、说明等。在建筑施工图的标题栏内均注写建施××号，以供查阅。

（二）结构施工图

结构施工图基本图纸包括：基础平面图、楼层结构平面图、屋顶结构平面图、楼梯结构图等；其结构详图有：基础详图，梁、板、柱等构件详图及节点详图等。在结构施工图的标题内均注写结施××号，以供查阅。

（三）设备施工图

设备施工图包括三部分专业图纸。

1. 给水排水施工图。

2. 采暖通风施工图。

3. 电气施工图。

设备施工图由平面布置图、管线走向系统图（如轴测图）和设备详图等组成。在这些图纸的标题栏内分别注写水施××号、暖施××号、电施××号，以便查阅。

二、施工图的编排顺序

工程施工图的编排顺序一般是代表全局性的图纸在前，表示局部性的图纸在后；先施工的图纸在前，后施工的图纸在后；重要的图纸在前，次要的图纸在后；基本图纸在前，详图在后。整套图纸的编排顺序是：

1. 图纸目录。

2. 总说明，说明工程概况和总的要求，对于中小型工程，总说明可编在建筑施工图内。

3. 建筑施工图。

4. 结构施工图。

5. 设备施工图。一般按水施、暖施、电施的顺序排列。

三、建筑总平面图的识读

建筑总平面图是将拟建工程四周一定范围内的新建、拟建、原有和拆除的建筑物、构筑物连同其周围的地形地物状况，用水平投影方法和相应的图例所画出的图样。

（一）总平面图的用途

总平面图是一个建设项目的总体布局，表示新建房屋所在基地范围内的平面布置、具体位置以及周围情况，总平面图通常画在具有等高线的地形图上。总平面图的主要用途如下。

1. 工程施工的依据（如施工定位、施工放线和土方工程）。

2. 室外管线布置的依据。

3. 工程预算的重要依据（如土石方工程量、室外管线工程量的计算）。

（二）总平面图的基本内容

1. 表明新建区域的地形、地貌、平面布置，包括红线位置，各建（构）筑物、道路、河流、绿化等的位置及其相互间的位置关系。

2. 确定新建房屋的平面位置。一般根据原有建筑物或道路定位，标注定位尺寸；修建成片住宅、较大的公共建筑物、工厂或地形复杂时，用坐标确定房屋及道路转折点的位置。

3. 表明建筑物首层地面的绝对标高，室外地坪、道路的绝对标高；说明土方填挖情况、地面坡度及雨水排除方向。

4. 用指北针和风向频率玫瑰图来表示建筑物的朝向。

（三）总平面图识读要点

1. 熟悉总平面图的图例，查阅图标及文字说明，了解工程性质、位置、规模及图纸比例。

2. 查看建设基地的地形、地貌、用地范围及周围环境等，了解新建房屋和道路、绿化布置情况。

3. 了解新建房屋的具体位置和定位依据。

4. 了解新建房屋的室内、外高差，道路标高，坡度以及地表水排流情况。

四、建筑平面图的识读

建筑平面图，简称平面图，实际上是一幢房屋的水平剖面图。它是假想用一水平剖面将房屋沿门窗洞口剖开，移去上部分，剖面以下部分的水平投影图就是平面图。

（一）建筑平面图的用途

建筑平面图主要表示建筑物的平面形状、水平方向各部分（出入口、走廊、楼梯、房间、阳台等）的布置和组合关系，墙、柱及其他建筑物的位置和大小。其主要用途是：

1. 建筑平面图是施工放线，砌墙、柱，安装门窗框、设备的依据。

2. 建筑平面图是编制和审查工程预算的主要依据。

（二）建筑平面图的基本内容

1. 表明建筑物的平面形状，内部各房间包括走廊、楼梯、出入口的布置及朝向。

2. 表明建筑物及其各部分的平面尺寸。在建筑平面图中，必须详细标注尺寸。平面图中的尺寸分为外部尺寸和内部尺寸。外部尺寸有三道，一般沿横向、竖向分别标注在图形的下方和左方。

3. 表明地面及各层楼面标高。

4. 表明各种门、窗位置，代号和编号，以及门的开启方向。门的代号用 M 表示，窗的代号用 C 表示，编号数用阿拉伯数字表示。

5. 表示剖面图剖切符号、详图索引符号的位置及编号。

6. 综合反映其他各工种（工艺、水、暖、电）对土建的要求：各工程要求的坑、台、水池、地沟、电闸箱、消火栓、雨水管等及其在墙或楼板上的预留洞，应在图中表明其位置及尺寸。

7. 表明室内装修做法。包括室内地面、墙面及顶棚等处的材料及做法。一般简单的装修在平面图内直接用文字说明；较复杂的工程则另列房间明细表和材料做法表，或另画建筑装修图。

8. 文字说明。平面图中不易表明的内容，如施工要求、砖及灰浆的强度等级等需用文字说明。

以上所列内容，可根据具体项目的实际情况取舍。

（三）平面图识读要点

1. 熟悉建筑配件图例、图名、图号、比例及文字说明。

2. 定位轴线。所谓定位轴线是表示建筑物主要结构或构件位置的点划线。凡是承重墙、柱、梁、屋架等主要承重构件都应画上轴线，并编上轴线号，以确定其位置；对于次要的墙、柱等承重构件，则编附加轴线号确定其位置。

3. 房屋平面布置，包括平面形状、朝向、出入口、房间、走廊、门厅、楼梯间等的布置组合情况。

4. 阅读各类尺寸。图中标注房屋总长及总宽尺寸，各房间开间、进深、细部尺寸和室内外地面标高。阅读时，应依次查阅总长和总宽尺寸，轴线间尺寸，门窗洞口和窗间墙尺寸，外部及内部局（细）部尺寸和高度尺寸（标高）。

5. 门窗的类型、数量、位置及开启方向。

6. 墙体、（构造）柱的材料、尺寸。涂黑的小方块表示构造柱的位置。

7. 阅读剖切符号和索引符号的位置和数量。

五、建筑立面图的识读

建筑立面图，简称立面图，就是对房屋的前后左右各个方向所做的正投影图。对于简单的对称式房屋，立面图可只绘一半，但应画出对称轴线和对称符号。

（一）建筑立面图的用途

立面图是表示建筑物的体型、外貌和室外装修要求的图样。主要用于外墙的装修施工和编制工程预算。

（二）建筑立面图的主要图示内容

1. 图名、比例。立面图的比例常与平面图一致。

2. 标注建筑物两端的定位轴线及其编号。在立面图中一般只画出两端的定位轴线及其编号，以便与平面图对照。

3. 画出室内外地面线，房屋的勒脚，外部装饰及墙面分格线。表示出屋顶、雨篷、阳台、台阶、雨水管、水斗等细部结构的形状和做法。为了使立面图外形清晰，通常把房屋立面的最外轮廓线画成粗实线，室外地面用特粗线表示，门窗洞口、檐口、阳台、雨篷、台阶等用中实线表示；其余的，如墙面分隔线、门窗格子、雨水管以及引出线等均用细实线表示。

4. 表示门窗在外立面的分布、外形、开启方向。在立面图上，门窗应按标准规定的图例画出。门、窗立面图中的斜细线，是开启方向符号。细实线表示向外开，细虚线表示向内开。一般无需把所有的窗都画上开启符号。凡是窗的型号相同的，只画出其中一两个即可。

5. 标注各部位的标高及必须标注的局部尺寸。在立面图上，高度尺寸主要用标高表示。一般要注出室内外地坪，一层楼地面，窗台、窗顶、阳台面、檐口、女儿墙压顶面，进口平台面及雨篷底面等的标高。

6. 标注出详图索引符号。

7. 文字说明外墙装修做法。根据设计要求外墙面可选用不同的材料及做法。在立面图上一般用文字说明。

（三）立面图识读要点

了解立面图的朝向及外貌特征。如房屋层数，阳台、门窗的位置和形式，雨水管、水箱的位置以及屋顶隔热层的形式等。外墙面装饰做法。

各部位标高尺寸。找出图中标示室外地坪、勒脚、窗台、门窗顶及檐口等处的标高。

六、建筑剖面图的识读

建筑剖面图简称剖面图，一般是指建筑物的垂直剖面图，且多为横向剖切形式。

（一）剖面图的用途

1. 主要表示建筑物内部垂直方向的结构形式、分层情况、内部构造及各部位的高度等，用于指导施工。

2. 编制工程预算时，与平面图、立面图配合计算墙体、内部装修等的工程量。

（二）建筑剖面图的主要内容

1. 图名、比例及定位轴线。剖面图的图名与底层平面图所标注的剖切位置符号的编号一致。

在剖面图中，应标出被剖切的各承重墙的定位轴线及与平面图一致的轴线编号。

2. 表示出室内底层地面到屋顶的结构形式、分层情况。在剖面图中，断面的表示方法与平面图相同。断面轮廓线用粗实线表示，钢筋混凝土构件的断面可涂黑表示。其他没被剖切到的可见轮廓线用中实线表示。

3. 标注各部分结构的标高和高度方向尺寸。剖面图中应标注出室内外地面、各层楼面、楼梯平台、檐口、女儿墙顶面等处的标高。其他结构则应标注高度尺寸。

4. 文字说明某些用料及楼、地面的做法等。

5. 详图索引符号。

第三节　防水工程节点构造图

防水工程节点类型很多，具有不同的节点形式、节点部位、构造做法和使用不同的材料构成各种不同的细部构造。防水工程节点包括檐口、天沟、水落口、泛水、压顶、收头、变形缝、分格缝、施工缝、出入口、预埋件、穿过防水层管道、地漏等。

一、防水工程节点构造的特点

1. 节点部位大多数是变形集中表现的地方。如结构变形、温度差异变形、基层或防水层收缩变形等，首先在这些部位表现出来，因此，这些部位最容易产生开裂，导致渗漏。

2. 节点部位大多数是形状复杂、不规则，表面非平面，转弯抹角多，施工面狭小，施工工序多，操作较困难的部位。许多防水材料难以与基层平服铺贴，所以往往在这些部位的剪口和搭接缝过多，常因局部封闭不严而导致渗漏。

3. 节点部位也是承受自然条件和人为损坏最为严重的部位，是防水工程的薄弱环节，一旦遭到破坏，就会使防水工程失效。

二、屋面防水工程细部构造图

（一）檐口、檐沟、天沟防水构造

檐口、檐沟是屋面雨水集中的部位，是屋面防水工程成败的关键。檐口、檐沟处理不好，就有可能导致屋面趴水、漏雨。因此，在进行各种屋面的檐口、檐沟施工时，需要特别引起重视。

1. 檐口防水构造

常用的檐口防水构造是无组织排水檐口防水构造，卷材、涂膜收头要压入凹槽，并用水泥钉固定，必要时可加压条，收头部位要用密封材料封口，涂料采用多遍涂刷密封，水泥钉离檐口边 80 毫米。构造如图 1-3 所示。

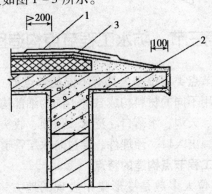

1. 防水层；2. 密封材料；3. 空铺附加层

图 1-3 组织排水檐口构造（单位：毫米）

2. 天沟、檐沟防水构造

天沟、檐沟增铺附加层，附加层可用卷材，也可用涂膜。收头处密封。天沟、檐沟与屋面交接处保温层的铺设应伸到墙厚 1/2 以上，如图 1-4 所示。

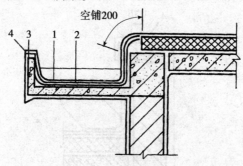

1. 防水层；2. 附加层；3. 水泥钉；4. 密封材料

图 1-4 天沟、檐沟构造（单位：毫米）

（二）泛水收头及压顶构造

泛水收头的破坏和渗漏，在防水工程中出现较多。出现破坏和渗漏的常见原因是：收头粘贴不牢，固定方法陈旧，端头开裂翘边，油毡下滑耸肩，未设保护措施等。

1. 砖砌低女儿墙泛水收头构造（图 1-5）

当砖砌女儿墙较低时（一般为 500 毫米左右），可将卷材、涂膜等柔性防水材料沿女儿墙高度铺设，并压入压顶下 1/3 的砖墙厚度，压顶上抹出向内的斜坡，并进行防水处理（贴卷材或涂刷防水涂料），板与砖墙间嵌填密封材料。

2. 砖砌高女儿墙泛水收头构造（图 1-6）

泛水转角处铺设增强附加层，将防水层、附加层的收头压入凹槽内，用水泥钉固定于砖墙内。钉入凹槽内的卷材（涂膜）收头，用密封材料封口，用水泥砂浆将凹槽填平。板与女儿墙间应预留缝隙，并嵌填密封材料。凹槽下口距屋面的距离不应小于250 毫米。

3. 混凝土女儿墙泛水收头构造（图 1-7）

在转角处增设附加层；防水层应沿立面部分铺贴，并用水泥或压条固定在混凝土墙上，再用密封材料封口；在立墙上加钉金属或合成高分子盖板，盖板上口用密封材料封严。

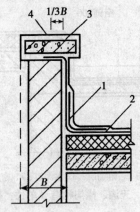

1. 附加层；2. 防水层；3. 压顶；4. 防水处理

图 1-5　砌低女儿墙泛水构造

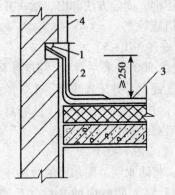

1. 密封材料；2. 附加层；

3. 防水层；4. 防水处理

图 1-6　砖砌高女儿墙泛水构造

（单位：毫米）

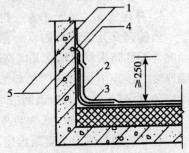

1. 密封材料；2. 附加层；3. 防水层；

4. 金属或合成高分子盖板；5. 水泥钉

图 1-7　混凝土女儿墙泛水构造

（单位：毫米）

4. 刚性细石混凝土防水层的泛水收头构造（图1-8）

在防水层与立墙面交接处应预留20～40毫米宽的缝隙，缝内嵌填密封材料，再用柔性防水层覆盖（卷材或涂膜），覆盖宽度应不小于250毫米，在立墙上的收头部位，应压入女儿墙上预留的凹槽中，并进行密封处理。

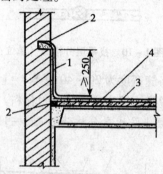

1. 防水卷材；2. 密封材料；3. 细石混凝土防水层；4. 隔离层

图1-8 细石混凝土防水层泛水收头（单位：毫米）

（三）变形缝、分格缝构造

1. 变形缝构造（图1-9）

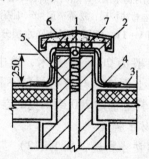

1. 衬垫材料；2. 卷材封盖；3. 防水层；4. 附加层；

5. 沥青麻丝；6. 水泥砂浆；7. 混凝土盖板

图1-9 变形缝防水构造（单位：毫米）

变形缝内填充泡沫塑料或沥青麻丝,上部填放衬垫材料,并用卷材封盖,顶部加扣混凝土盖板或金属盖板。

2. 找平层分格缝(图1-10)

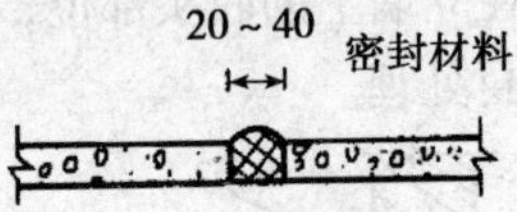

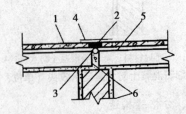

图1-10 找平层分格缝(单位:毫米)

找平层分格缝宽度为20~40毫米,缝的上口宽度宜略大于下口,以便于脱膜,缝中应嵌填密封材料。

3. 细石混凝土防水层分格缝(图1-11)

1. 刚性防水层;2. 密封材料;3. 背衬材料;
4. 卷材防护层;5. 隔离层;6. 细石混凝土
图1-11 细石混凝土防水层分格缝

分格缝宽度一般为20~40毫米,缝中先放背衬材料,如PVC泡沫芯棒等;上面嵌填与背衬材料不黏结或黏结力弱的密封材料;在密封材料上铺贴200毫米宽的卷材防护层。

(四)出入口防水构造

1. 水平出入口防水构造(图1-12)

低层屋面与挡墙间增设附加层;在门口处用钢筋混凝土板挑出做踏步,板下与砌体间应留出一定空隙,以适应沉降的需要;防水层立面应做砖砌护墙。

2. 垂直出入口防水构造（图 1 – 13）

出入口应高出屋面 250 毫米以上；出入口外侧四周应增设附加层；卷材收头应用混凝土压圈压实；井圈高度和井盖要挑出作好滴水。

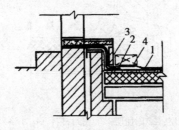

1. 防水层；2. 附加层；3. 防护墙；4. 踏步

图 1 – 12　水平出入口防水构造

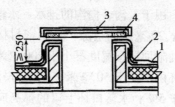

1. 防水层；2. 附加层；3. 人孔盖；4. 混凝土压顶圈

图 1 – 13　垂直出入口防水构造（单位：毫米）

（五）水落口防水构造

水落口是屋面雨水最集中的部位，也是变形比较敏感的部位。所以水落口是出现渗漏比较严重的部位。

横式水落口构造（图 1 – 14）

在女儿墙外排水的水落口，一般采用横式水落口。水落口处的防水层应压入女儿墙的凹槽内，用水泥钉固定，并用密封材料封口，再用水泥砂浆抹平；水落口杯宜采用铸铁、塑料制品；安装标高要考虑足够的排水坡度，并预留出防水层增加的厚度；水落口易积水或受到其他损害，须进行多道防水设防，并在水落口与基层交接处留 20 毫米×20 毫米凹槽，并嵌填密封材料，然后再做防水层。

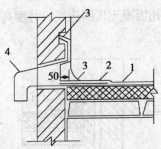

1. 防水层；2. 附加层；3. 密封材料；4. 水落口

图 1-14 横式水落口防水构造（单位：毫米）

（六）竖式水落口构造（图 1-15）

竖式水落口适用于天沟、檐沟的排水。水落口杯周围与混凝土沟底之间应留宽 20 毫米的空隙，并用密封材料嵌填严密；水落口杯四周应增铺附加层，宽度不小于 200 毫米；防水层与附加层应贴入水落口杯内不少于 50 毫米；水落口杯周围直径 500 毫米，坡度不应小于 5%；水落口杯上口的标高应设置在沟底的最低处。

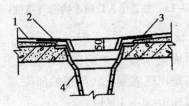

1. 防水层；2. 附加层；3. 密封材料；4. 水落口杯

图 1-15 竖式水落口防水构造（单位：毫米）

（七）板缝密封防水构造（图 1-16）

结构层板缝中下部浇灌细石混凝土，上部衬塑料泡沫棒做背衬材料，再嵌填密封材料，并设置保护层。

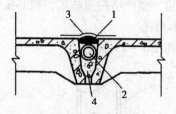

1. 密封材料；2. 背衬材料；3. 保护层；4. 细石混凝土

图 1－16　板缝密封防水处理

（八）排气孔构造（图 1－17）

排气孔应设置在纵横排气道的交叉点上，并与排气道连通，也可将排气孔留在檐口侧面，或通过屋面结构板缝留管子向室内排气。

（九）倒置屋面防水构造（图 1－18）

倒置屋面是将保温层设置在防水层上面的屋面。

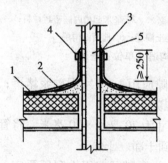

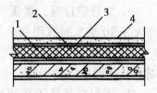

1. 防水层；2. 附加防水层；3. 密封材料；
4. 金属箍；5. 排气管

图 1－17　排气管防水构造

（单位：毫米）

1. 防水层；2. 保温层；
3. 砂浆找平层；
4. 混凝土或黏土板材

图 1－18　倒置屋面防水构造

三、厨房、厕所、浴间防水工程细部构造图

厨房、厕所、浴间面积小，管道多，形状复杂，施工难度大，当前普遍存在不同程度的渗漏，大多发生在一些节点上。一且发生渗漏，就给用户造成极大的不便，所以厨房、厕所、浴间的渗漏问题必须根治，要严格按图施工，精心操作。

（一）立管防水构造

立管防水构造如图 1-19 所示。

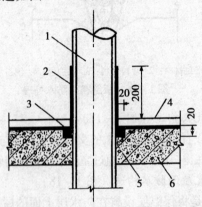

1. 穿楼板管道；2. 涂膜防水；3. 20 毫米×20 毫米凹槽内嵌密封材料；

4. 地面面层；5. 细石混凝土灌缝；6. 地面结构层

图 1-19　立管防水构造（单位：毫米）

1. 立管定位后，楼板四周缝隙应用 1∶3 水泥砂浆堵严；缝隙大于 20 毫米时宜用 C20 细石混凝土堵严。

2. 根四周宜形成凹槽，其尺寸为 20 毫米×20 毫米，将管根周围及凹槽内清理干净，必须做到干净、干燥。

3. 密封材料挤压在凹槽内，并用腻子刀用力刮压严实，使之饱满、密实、无气孔。为使密封材料与管根口四周混凝土黏结牢固，在凹槽两侧与管根口周围，应先涂刷基层处理剂，凹槽底部应垫以牛皮纸或其他背衬材料。

4. 将管道外壁 200 毫米高的范围内，清除灰浆和油垢杂质，涂刷基层处理剂，并按设计规定涂刮防水涂料。

另外，立管如为热水管、暖气管时，则需加设套管。此时可根据立管的实际尺寸加钢套管，套管高 20~40 毫米，留管缝 2~

5毫米。上缝宜用建筑密封材料封严,套管高出地面约20毫米。

(二)地漏防水构造

1. 根据楼板形式及设计要求,定出地漏标高。

2. 立管定位后,楼板四周缝隙应用1:3水泥砂浆堵严;缝大于20毫米时宜用C20细石混凝土堵严。

3. 厕所浴间垫层向地漏处找坡坡度为2%,垫层30毫米时用水泥混合砂浆;垫层大于30毫米时用水泥炉渣材料。

4. 地漏上口四周用20毫米×20毫米密封材料封严,上面做涂膜防水层。

5. 面层采用20毫米厚1:2.5水泥砂浆找平压光。

6. 立管接缝用密封材料堵严。

地漏防水构造如图1-20和图1-21所示。

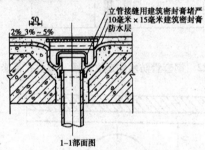

图1-20 地漏防水构造剖面图 (单位:毫米)

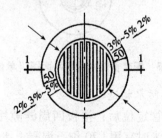

图1-21 地漏防水构造平面图 (单位:毫米)

（三）钢套管防水构造

1. 管根套管防水层下面四周用建筑密封膏封严。

2. 套管根部 30 毫米范围内高出地面不少于 5 毫米。

3. 钢管根据实际加套管，管缝留 3～5 毫米，上缝用建筑密封膏封严。

4. 套管高出地面不少于 20 毫米。

钢套管防水构造如图 1-22 和图 1-23 所示。

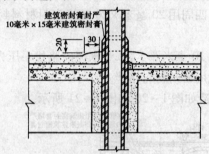

图 1-22　钢套管防水构造立面图（单位：毫米）

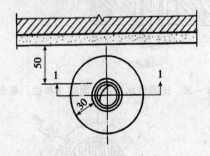

图 1-23　钢套管防水构造平面图（单位：毫米）

（四）大便器防水构造

1. 大便器立管定位后，楼板四周缝隙用 1：3 水泥砂浆堵严；缝大于 20 毫米时宜用 C20 细石混凝土堵严并抹平。

2. 管接口处四周用密封材料胶圈封严，尺寸为 20 毫米 ×20

毫米，上面防水层做至管顶部。

3. 大便器尾部进水处与管接口用沥青麻丝及水泥砂浆封严，外做涂膜防水保护层，如图 1 - 24 所示。大便器蹲坑根部防水做法如图 1 - 25 所示。

4. 混凝土防水台高出地面 100 毫米。

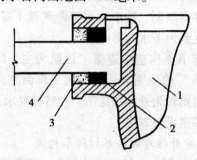

1. 大便器；2. 沥青麻丝密封材料；3.1：2 水泥砂浆；4. 冲洗管

图 1 - 24 大便器进水管与管口连接

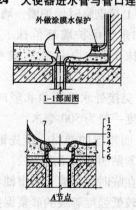

1. 大便器底；2.1：6 水泥焦渣垫层；3.15 厚 1：2.5 水泥砂浆保护层；

4. 涂膜防水层；5.20 厚 1：2.5 水泥砂浆找平层；

6. 钢筋混凝土楼板；7.10 毫米×15 毫米建筑密封膏

图 1 - 25 大便器蹲坑防水构造

四、地下室防水工程细部构造图

地下室防水要比屋面工程防水处理要求更高、更严格，是因为无论坡屋顶还是平屋顶，都是以排为主，雨水在屋面上停留的时间短，能通过有组织或无组织的排水方式，从落水管或檐口排入下水道，一般对防水层形成不了渗透压力。而地下室则不然，由于受地形条件的限制，地下水很难降到地下室底部标高以下。地下室会长期受到地下水的影响。

地下室细部节点构造应遵循"以防为主，以排为辅，刚柔结合，多道设防"的原则。外防水无工作面时，可采用外防内贴法，有条件时则转为外贴法施工。在特殊要求下，可以采用架空、夹壁墙等多道设防方案。

（一）地下室外防外贴法卷材防水构造

1. 在混凝土垫层上，结构墙外侧砌一定高度的永久保护墙，墙下干铺一层油毡隔离层。

2. 永久保护墙上接砌临时保护墙，墙高为150毫米。

3. 在垫层上和永久保护墙部位抹1：3水泥砂浆找平层，在临时保护墙上抹1：3白灰砂浆找平层，转角部位抹成圆角。

4. 立墙与平面交接处水平阴角和竖向阴角应全做附加增强层处理，附加层宽度一般为500毫米。

5. 在平面与立面相连的卷材，应先铺贴平面，然后由下向上铺贴，并使卷材紧贴阴角，不应空鼓。在永久保护墙上满粘卷材，粘贴要牢固。在临时保护墙上可虚铺卷材并将卷材固定在临时保护墙上端，抹较低强度等级的砂浆保护层，以保护接头不被损坏和玷污。

（二）穿墙管防水构造

1. 穿墙管应在浇筑混凝土前埋设。

2. 结构变形或管道伸缩量较小时，穿墙管可采用主管直接埋入混凝土内的固定式防水法。主管埋入前，应加止水环，环与主管应满焊或黏结密实，如图 1 - 26 所示。

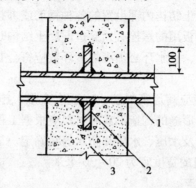

1. 主管；2. 止水环；3. 围护结构

图 1 - 26 固定式穿墙管防水构造（单位：毫米）

3. 结构变形或管道伸缩量较大或有更换要求时，应采用套管式防水法，套管应加止水环，如图 1 - 27 所示。

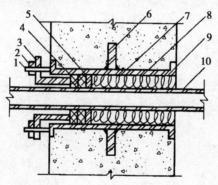

1. 双头螺栓；2. 螺母；3. 压紧法兰；4. 橡胶圈；

5. 挡圈；6. 止水环；7. 嵌填材料；8. 套管；

9. 翼环；10. 主管

图 1 - 27 套管式穿墙管防水构造

（三）穿墙螺栓防水构造

防水混凝土结构内部设置的各种钢筋或绑扎铁丝，不得接触模板，固定模板用的螺栓必须穿过混凝土结构时，可采用在螺栓上加焊止水环，止水环必须满焊，环数应符合要求，也可以采用螺栓加堵头。

1. 变形缝应满足密封防水、适应变形、施工方便、检查容易等要求。变形缝的构造形式和材料应根据工程特点、地基或结构变形情况以及水压、水质和防水等级确定。

2. 变形缝的宽度宜为 20～30 毫米。

第二章　常见建筑防水材料

第一节　沥青材料

沥青是生产制作防水材料及制品的重要原材料。它是由许多高分子碳氢化合物及非金属衍生物（如氧、硫、氮等）组成的复杂混合物，是一种有机胶凝材料。在常温下呈褐色或黑褐色的固态或半固态、液态。沥青按产源可分为地沥青（包括天然沥青、石油沥青）和焦油沥青（包括煤沥青、页岩沥青）。目前工程中常用的主要是石油沥青，另外还使用少量的煤沥青。

一、石油沥青

石油沥青是由石油原油经蒸馏提炼出各种轻质油（如汽油、柴油等）及润滑油以后的残留物，再经过加工而得的产品。

（一）石油沥青的组分

沥青的化学组成复杂，对组成进行分析很困难，且其化学组成也不能反映出沥青性质的差异，所以一般不对沥青作化学分析。通常从使用角度出发，将沥青中按化学成分和物理力学性质相近的成分划分为若干个组，这些组就称为"组分"。在沥青中各组分含量的多寡与沥青的技术性质有着直接的关系。石油沥青的组分及其主要特性见表2－1。

此外，石油沥青中还含2%～3%的沥青碳和似碳物，为无定形的黑色固体粉末，它会降低石油沥青的黏结力。石油沥青中还含有蜡，它会降低石油沥青的黏结性和塑性，对温度特别敏感（即温度稳定性差）。蜡是石油沥青的有害成分。

表 2 – 1　石油沥青各组分的特性

组分名称	颜色	状态	密度（克/立方厘米）	含量（%）	特点	作用
油分	无色至淡黄色	液体	0.7~1.0	40~60	溶于苯等有机溶剂，不溶于酒精	赋予沥青以流动性
树脂	黄色至黑褐色	半固体	1.0~1.1	15~30	溶于汽油等有机溶剂，难溶于酒精和丙酮	赋予沥青以塑性和黏性
地沥青质	深褐色至黑色	固体	1.1~1.5	10~30	溶于三氯甲烷、二硫化碳，不溶于酒精	赋予沥青温度稳定性和黏性

（二）石油沥青的胶体结构

油分、树脂和地沥青是石油沥青的三大组分，其中油分和树脂可以互相溶解，树脂能浸润地沥青质，并在地沥青质的超细颗粒表面形成树脂薄膜。所以石油沥青的结构是以地沥青质为核心，周围吸附部分树脂和油分的互溶物而构成胶团，无数胶团分散在油分中而形成胶体结构。

（三）石油沥青的选用

在选用沥青时，应根据工程性质、气候条件和所处工程部位来选用不同品种和牌号的沥青。选用的基本原则是：在满足黏性、塑性和温度敏感性等主要性质的前提下，尽量选用牌号较大的沥青。牌号大的沥青，耐老化能力强，从而保证沥青有较长的使用年限。

1. 建筑石油沥青

主要用于制造油毡、油纸、防水涂料和沥青胶。它们绝大多数用于屋面及地下防水、沟槽防水、防腐蚀及管道防腐等工程。对于屋面防水工程，为了防止夏季流淌，沥青的软化点应比当地气温屋面可能达到的最高温度高20~25℃。

2. 道路石油沥青

拌制沥青混凝土、沥青砂浆，用于道路路面或车间地面等工程。也可制作密封材料、黏结剂及沥青涂料等。

3. 防水防潮石油沥青

适合做油毡的涂覆材料及建筑屋面和地下防水的黏结材料。

4. 普通石油沥青

在工程中不宜单独使用，只能与其他种类石油沥青掺配使用。

二、煤沥青

煤沥青是炼焦厂或煤气厂的副产品。烟煤在干馏过程中的挥发物质，经冷凝而成的黑色黏性液体称为煤焦油，煤焦油经分馏加工提取轻油、中油、重油、蒽油以后，所得残渣即为煤沥青。根据蒸馏程度不同，煤沥青分为低温沥青、中温沥青和高温沥青三种。建筑上所采用的煤沥青多为黏稠或半固体的低温沥青。煤沥青的有关技术指标可参阅国家标准 GB2290—80 的规定。

（一）煤沥青的特性

煤沥青的主要组分为油分、脂胶、游离碳等，亦含少量酸、碱物质。由于煤沥青的组分和石油沥青不同，故其性能也不同，主要表现如下。

1. 温度敏感性大

因含可溶性树脂多，由固态或黏稠转变为黏流态（或液态）的温度间隔较窄，夏天易软化流淌而冬天易脆裂。

2. 大气稳定性较差

含挥发性成分和化学稳定性差的成分较多，在热、阳光、氧气等长期综合作用下，煤沥青的组成变化较大，易硬脆。

3. 塑性较差

含有较多的游离碳，使用中易因变形而开裂。

4. 黏附力较好

煤沥青中的酸、碱物质都是表面活性物质，与矿料表面的黏附力强。

5. 防腐性好

因含酚、蒽等有毒物质、防腐蚀能力较强，故适用于木材的防腐处理。又因酚易溶于水，故防水性不及石油沥青。

煤沥青在储存和施工中要遵守有关操作和劳保规定，以防止发生中毒事故。

（二）煤沥青与石油沥青的鉴别方法

根据煤沥青和石油沥青的某些特征，可按表2-2所列方法进行鉴别。

表2-2 煤沥青与石油沥青简易鉴别方法

鉴别方法	石油沥青	煤沥青
密度（克/立方厘米）	密度近似于1.0	1.25~1.28
锤击	声哑、有弹性、韧性好	声脆、韧性差
颜色	辉亮褐色	浓黑色
燃烧	烟无色，基本无刺激性气味	烟呈黄色，有刺激性臭味
溶液比色	用30~50倍汽油或煤油溶解后，将溶液滴于纸上，斑点呈棕色	溶解方法同左。斑点有两圈，内黑外棕

（三）煤沥青的应用

煤沥青具有很好的防腐能力、良好的黏结能力。因此，可用于配制防腐涂料、胶黏剂、防水涂料，油膏以及制作油毡等。

第二节 防水卷材

以原纸、纤维织物、纤维毡等胎体材料浸涂沥青，表面撒布粉状、粒状或片状材料制成可卷曲的片状防水材料，统称为沥青防水材料。

一、纸胎石油沥青防水卷材

（一）产品分类

1. 等级纸胎石油沥青防水卷材按浸涂材料总量和物理性能分为合格品、一等品、优等品三个等级。

2. 品种规格纸胎石油沥青防水卷材按所用隔离材料分为粉状面和片状面两个品种；按原纸质量（每平方米质量）分为200号、350号和500号3种标号；按卷材幅宽分为915毫米和1 000毫米两种规格。

3. 适用范围200号卷材适用于简易防水、非永久性建筑防水；350号和500号卷材适用于屋面、地下多叠层防水。

（二）技术要求

1. 每卷卷材的总面积为（20±0.3）平方米，其质量应符合表2-3的要求。

表2-3　不同标号纸胎石油沥青防水卷材质量

标号	200号		350号		500	号
品种	粉粘	片粘	粉粘	片粘	粉粘	片粘
质量/千克	≥17.5	≥20.5	≥28.5	≥31.5	≥39.5	≥42.5

2. 卷材的外观质量应符合下列要求。

（1）成卷卷材宜卷紧、卷齐，卷筒两端厚度差不得超过5毫米，端面里进外出不得超过10毫米。

（2）成卷卷材在环境温度10～45℃时，应易于展开，不应有破坏毡面、长度为10毫米以上的黏结和距卷芯1 000毫米以外、长度在10毫米以上的裂纹。

（3）纸胎必须浸透，不应有未被浸透的浅色斑点；涂盖材料宜均匀致密地涂盖油纸两面，不应有油纸外露和涂盖不均的缺陷。

（4）毡面不应有孔洞、硌（楞）伤，长度20毫米以上的疙瘩、糨糊状粉浆或水渍，距卷芯1 000毫米以外长度100毫米以上的折纹、折皱；20毫米以内的边缘裂口或长50毫米、深20毫米以内的缺边不应超过4处。

（5）每卷卷材中允许有1处接头，其中较短的一段长度不应少于2 500毫米，接头处应剪切整齐，并加长150毫米备作搭接。

3. 物理性能各种标号、等级的卷材物理性能应符合规定的要求。

（三）卷材贮运注意事项

1. 不同品种、标号、规格、等级的产品不应混杂堆放。

2. 卷材应在规定的温度下（粉状面毡不高于45℃，片状面毡不高于50℃）立放贮存，其高度不超过2层，应避免雨淋、日晒、受潮，并要注意通风。

二、玻纤布胎沥青防水卷材

玻纤布胎沥青防水卷材（以下简称玻璃布油毡）系采用玻纤布为胎体，浸涂石油沥青并在其表面涂或撒布矿物隔离材料制成可卷曲的片状防水材料。

（一）产品分类

1. 等级玻璃布油毡按可溶物含量及其物理性能分为一等品（B）和合格品（C）两个等级。

2. 规格玻璃布油毡幅宽为1 000毫米。

3. 适用范围玻璃布油毡适用于地下工程作防水、防腐层，也可用于屋面防水及金属管道（热管道除外）作防腐保护层。

（二）技术要求

1. 面积与卷重每卷玻璃布油毡的面积为（20±0.3）平方米；卷重应不小于15千克（包括不大于0.5千克硬质卷芯的质量）。

2. 外观成卷的玻璃布油毡应卷紧；成卷油毡在 5～45℃的环境温度下应易于展开，不得有黏结和裂纹，浸涂材料应均匀致密地涂盖玻纤布胎体；表面必须平整，不得有裂纹、孔眼、扭曲折纹；涂布或撒布材料应均匀、致密地黏附于涂盖层两面；每卷油毡的接头应不超过一处，其中较短一段不得少于 2 000毫米，接头处应剪切整齐，并加长 150 毫米备作搭接。

3. 物理性能玻璃布油毡的物理性能应符合表 2－4 的要求。

表 2－4　玻璃布油毡物理性能

指标名称		一等品	合格品
可溶物含量不小于/（克/平方米）		420	380
耐热度，（85±2）℃，2 小时		无滑动、起泡现象	
不透水性	压力（兆帕）	0.2	0.1
	保持时间（分钟）	不小于15	无渗漏
拉力（25±2）℃	时纵向≥（牛）	400	360
柔度	温度不大于（℃）	0	5
	弯曲直径30 毫米	无裂纹	
耐真菌性	质量损失不大于（%）	2.0	
	拉力损失不大于（%）	15	

（三）贮运注意事项

与纸胎石油沥青防水卷材相同。

三、玻纤胎石油沥青防水卷材

玻纤胎沥青防水卷材（以下简称玻纤胎油毡）系采用玻璃纤维薄毡为胎体，浸涂石油沥青，并在其表面涂撒矿物粉料或覆盖聚乙烯膜等隔离材料而制成可卷曲的片状防水材料。

（一）产品分类

1. 等级玻纤胎油毡按可溶物含量及其物理性能分为合格品（C）、一等品（B）、优等品（A）3 个等级。

2. 品种规格玻纤胎油毡按表面涂盖材料不同，可分为膜面、粉面和砂面 3 个品种；按每 10 平方米标称质量分为 15 号、25 号和 35 号 3 种标号；幅宽为 1 000 毫米一种规格。

3. 适用范围 15 号玻纤胎油毡适用于一般工业与民用建筑屋面的多叠层防水，并可用于包扎管道（热管道除外）做防腐保护层；25 号、35 号玻纤胎油毡适用于屋面、地下以及水利工程做多叠层防水，其中 35 号玻纤胎油毡可采用热熔法施工的多层或单层防水；彩砂面玻纤胎油毡用于防水层的面层，且可不再做表面保护层。

（二）技术要求

1. 面积每卷玻纤胎油毡的面积，15 号为（20 ± 0.2）平方米；25 号和 35 号为（10 ± 0.1）平方米。

2. 标记根据油毡所用的涂盖沥青、胎基、上表面材料以及产品等级的代号，加上产品标号、标准号的顺序排序。

（1）各种材料的代号。石油沥青 A；玻纤胎 G；河砂（普通矿物粒、片材）S；彩砂（彩色矿物粒、片材）CS；粉状材料 T；聚乙烯膜 PE。

（2）标记示例

a. 15 号合格品砂面玻纤胎石油沥青油毡标记为：油毡 A - G - S - 15（C）GB/T 14686。

b. 25 号一等品粉面玻纤毡石油沥青油毡标记为：油毡 A - G - T - 25（B）GB/T 14686。

四、铝箔面沥青防水卷材

铝箔面沥青防水卷材（以下简称铝箔面油毡），系采用玻璃纤维毡为胎体，浸涂氧化石油沥青，在其上表面用压纹铝箔贴面，低面撒布细颗粒矿物材料或覆盖聚乙烯（PE）膜所制成的一种具有热反射和装饰功能的防水卷材。

（一）产品分类

1. 等级铝箔面油毡按物理性能分为优等品（A）、一等品（B）和合格品（C）3 个等级。

2. 品种规格铝箔面油毡按每 10 平方米的标称质量分为 30 号和 40 号两种标号；幅宽为 1 000 毫米一种规格。30 号铝箔面油毡的厚度不小于 2.4 毫米；40 号铝箔面油毡厚度不小于 3.2 毫米。

3. 适用范围 30 号铝箔面油毡，适用于外露屋面多层卷材防水工程的面层；40 号铝箔面油毡，既适用于外露屋面的单层防水，也适用于外露屋面多层卷材防水工程的面层。

（二）技术要求

1. 面积每卷油毡的面积为（10 ±0.1）平方米。

2. 铝箔面油毡的卷重，应符合表 2 - 5 的规定。

表 2 - 5　铝箔面油毡的卷重

标　号	30 号	40 号
标称质量（千克/平方米）	30	40
最低质量不小于（千克）	28.5	38.0

3. 外观

（1）成卷油毡应卷紧、卷齐、卷筒两端厚度差不得超过 5 毫米，端面里进外出不得超过 10 毫米。

（2）成卷油毡在环境气温 10 ~45℃ 时，应易于展开，不得有距卷芯 1 000 毫米外、长度在 10 毫米以上的裂纹。

（3）铝箔与涂盖材料应黏结牢固，不允许有分层或气泡现象。

（4）铝箔表面应洁净、花纹排列整齐有序，不得有污迹、折皱、裂纹等缺陷。

（5）在油毡贴铝箔的一面上沿纵向留一条宽 50～100 毫米的无铝箔的搭接边，在搭接边上撒细颗粒隔离材料或用 0.005 毫米厚聚乙烯薄膜覆面，聚乙烯膜应黏结紧密，不得有错位或脱落现象。

（6）每卷油毡接头不应超过 1 处，其中较短的一段不应小于 2 500 毫米，接头处应裁剪整齐，并加长 150 毫米备作搭接。

五、麻布胎沥青防水卷材

麻布胎沥青防水卷材（以下简称麻布油毡），系采用黄麻布为胎体，浸涂氧化石油沥青，并在其表面涂撒矿物材料或覆盖聚乙烯膜制成可卷曲的片状防水材料。

（一）产品分类

1. 等级麻布油毡按可溶物含量及其物理性能分为合格品、一等品、优等品 3 个等级。

2. 品种麻布油毡按可溶物含量和施工方法分为一般麻布油毡和热熔麻布油毡 2 个品种。

3. 适用范围一般麻布油毡适用于工业与民用建筑屋面的多叠层防水；热熔麻布油毡适用于采用热熔法施工的工业与民用建筑屋面的多层或单层防水。

（二）技术要求

1. 面积一般麻布胎油毡为（20±0.2）平方米；热熔麻布油毡为（10±0.1）平方米。

2. 外观麻布油毡的外观应符合纸胎沥青防水卷材的外观质量要求。

六、纸胎煤沥青防水卷材

纸胎煤沥青防水卷材（以下简称油毡），系采用低软化煤沥青浸渍原纸。然后用高软化点煤沥青涂盖油纸两面，再涤或撒布隔离材料所制成可卷曲片状防水材料。

（一）产品分类

1. 等级煤沥青面油毡按物理性能分为一等品和合格品 3 个

等级。

2. 品种规格煤沥青浊油毡按所用隔离材料分为粉状面（F）毡和片状面（P）毡两个品种煤沥青油毡幅宽分为 915 毫米和 1 000 毫米两种规格。按原纸质（每平方米）分为 200 号、270 号和 350 号 3 种标号。

3. 适用范围 200 号油毡适用于简易建筑防水、建筑防潮及包装防潮等；270 号和 350 号油毡适用于建筑工程防水、建筑防潮和包装防潮等，与聚氯乙烯改性煤焦油防水涂料复合，也可用于屋面多层防水。

（二）技术要求

1. 面积每卷煤沥青油毡的面积为（20±0.3）平方米。

2. 卷重每卷煤沥青油毡的质量，应符合表 2-6 规定。

表 2-6　不同品种标号煤沥青油毡质量

标号	200		270 号		350 号	
	粉毡	片毡	粉毡	片毡	粉毡	片毡
质量不小于（千克）	16.5	19.0	19.5	22.0	23.0	25.5

3. 外观煤沥青油毡的外观，除应符合纸胎石油沥青防水卷材外观质量的各项要求外，还要求纸胎必须浸透，不应有未浸透的浅色斑点；涂盖材料应均匀致密地涂盖油纸两面，不应有油纸外露和涂油不均现象。

第三节　防水密封材料

能承受建筑物接缝位移以达到气密、水密目的而嵌入接缝中的材料称为建筑密封材料。具有一定形状和尺寸的密封材料称为定型密封材料。非定型密封材料又称密封胶、剂，是溶剂型、乳液型、化学反应型等黏稠状材料，又称密封膏。主要用于防水工程嵌填各种变形缝、分档缝、分格缝、墙板缝、门窗框、幕墙材料周边、密封细部构造及卷材搭接缝等部位。

一、聚氨酯建筑密封膏

聚氨酯建筑密封膏是以聚氨基甲酸酯聚合物为主要成分的双组分反应固化型的建筑密封材料。甲组分含有异氰酸基的预聚体，乙组分含有多羧基的固化剂与其他辅料。使用时，将甲乙两组分按比例混合，经固化反应成为弹性体。

聚氨酯建筑密封膏弹性好，黏结力强，耐疲劳性和耐候性优良，且耐水、耐油，是一种中高档密封材料。广泛用于屋面、墙板、地下室、门窗、管道、卫生间、蓄水池、机场跑道、公路、桥梁等的接缝密封防水。

二、聚硫建筑密封膏

聚硫建筑密封膏是以液态聚硫橡胶为基料的常温硫化双组分建筑密封膏。

聚硫建筑密封膏耐候性优异，低温柔性好，黏结力强，且耐水、耐油、耐湿热，是一种高档密封材料。它广泛用于建筑物上部结构、地下结构、水下结构及门窗玻璃、管道接缝等的接缝密封防水。施工时，黏接面应清洁干燥，多孔材料表面应打底。

三、丙烯酸酯建筑密封膏

单组分水乳型丙烯酸酯建筑密封膏是以丙烯酸酯乳液为基料的建筑密封膏。

丙烯酸酯建筑密封膏延伸性、耐候性和黏结性均较好，耐水性差，属中档密封膏。它不能用于长期浸水部位。施工前应打底，可用于潮湿但无积水的基面。施工温度应在5℃以上；也不能在高温气候施工，如施工温度超过40℃，应用水冲刷冷却，待稍干后再施工。

四、建筑用硅酮结构密封胶

建筑用硅酮结构密封胶是以聚硅氧烷为主要成分的单组分和

双组分室温固化型的建筑密封材料。建筑用硅酮结构密封胶具有优异的耐热、耐寒性，良好的耐候性、耐疲劳性、耐水性，与各种金属、非金属材料均有良好的黏结性能。适用于建筑玻璃幕墙及其他结构的黏结、密封。

五、建筑防水沥青嵌缝油膏

建筑防水沥青嵌缝油膏（简称油膏）是以石油沥青为基料，加入改性材料及填充料混合制成的冷用膏状材料。

建筑防水沥青嵌缝油膏价格低，各种性能均较差，在发达国家已逐渐被淘汰。第四节防水堵漏材料防水堵漏材料包括灌浆堵漏材料和抹面堵漏材料。灌浆堵漏材料是将一定的材料配制成浆液，用压力设备将其灌入缝隙内或孔洞中，使其扩散、胶凝，以达到防渗堵漏效果。抹面堵漏材料常使用以水玻璃为主要材料的促凝剂掺入水泥中，促水泥快硬，将渗漏水暂时堵住，为其上面采用防水层创造条件。

第四节　防水堵漏材料

一、灌浆堵漏材料

防水工程上的灌浆堵漏材料分为水泥灌浆材料和化学灌浆材料两种。

（一）水泥压力补漏材料

1. 定义

水泥压力注浆补漏材料是以水泥或水玻璃和水泥为材料配制而成，使用时以压送设备将其注入需要修补和堵漏的部位。

2. 特点

水泥压力注浆补漏法补漏效果好，黏结强度高，对结构兼起补强作用，而且操作简单，备料容易，价格较低。

3. 适用范围

水泥压力注浆补漏材料适用于一般地下结构修补较深、较大的孔洞及裂缝宽度大于 0.5 毫米的裂缝、施工缝、接缝漏水等。

（二）环氧树脂注浆补强补漏材料

1. 定义

环氧树脂注浆补强补漏材料是以 E—44 环氧树脂、邻苯二甲酸二丁酯、二甲苯、乙二胺及粉料等在冷状态下配制而成，品种有环氧树脂胶泥、浆液等。

2. 特点

环氧树脂注浆补强补漏材料补漏不受结构形状限制，黏结强度高、质量可靠、施工工艺简单。

3. 适用范围

可用于各种结构（包括有振动、高温、腐蚀性介质作用的结构）修补 0.1 毫米以上的裂缝，还可用于混凝土结构补强加固和黏结断裂构件。

（三）甲凝注浆补强补漏材料

1. 定义

甲凝注浆补强补漏材料是以甲基丙烯酸甲酯为主剂，加入一些添加剂配制而成，是一种高强度聚合物。

2. 特点

甲凝注浆补强补漏材料黏度低、可灌性好，凝结时间可控制在几分钟或数小时内，与构件黏结强度高，同时对光和许多化学试剂的稳定性好，耐老化，能抗水、稀酸和碱的侵蚀。

3. 适用范围

甲凝注浆补强补漏材料适用于在干燥情况下裂缝补强，尤其是微细裂缝的补强，还适用于岩石地基注浆等工程。但该材料忌水，不宜用于直接的堵漏止水，在十分潮湿的情况下亦不得使用。

（四）丙凝注浆补强补漏材料

1. 定义

丙凝注浆补强补漏材料是以丙烯脆胺为主剂，添加交联剂、还原剂、氧化剂，按一定的配合比加水配制而成。产品分甲、乙两液，施工时，分别用两种等量容器同时等压、等量喷射混合，合成丙凝浆液，注入补漏部位，经引发、聚合、交联反应后，形成富有弹性但不溶于水及一般溶剂的高分子硬性凝胶。

2. 特点

丙凝注浆补强补漏材料浆液黏度低、渗透性好，凝结时间可随配比准确地控制在数秒钟或几个小时内，具有一定的强度和较好的弹性和可变性。

3. 适用范围

适用于泵房、水坝、水池、隧道、岩基等工程堵水、补漏、防渗。

（五）氰凝注浆补漏材料

1. 定义

氰凝注浆补漏材料是以多异氰酸酯和聚醚树脂产生反应制成的主剂与一些添加剂配制而成，是聚氨基甲酸酯类注浆材料的一种。

2. 特点

氰凝注浆补漏材料聚合速度快，遇水后立即反应，生成不溶于水的凝结胶体；凝胶时间可根据需要进行调配，由几秒到几十分钟均可；采用单液注浆，设备简单，使用方便。

3. 适用范围

适用于建筑物和地下混凝土工程的变形缝、施工缝、结构裂缝堵漏；地下或水工构筑物混凝土表面及地面建筑物屋顶的防渗补漏；隧道、矿坑裂缝漏水的补漏以及石油开采、水电站坝基、自来水管道、化工管道及设备等的防渗、防漏等。

二、抹面堵漏材料

常见的抹面堵漏材料有以下几种，在此进行简要介绍。

（一）地下堵漏剂

1. 定义

801 地下堵漏剂是由多种化工原料配制而成，是一种快凝高强堵漏材料。

2. 特点

801 地下堵漏剂可在潮湿基层上施工，施工简便。

3. 适用范围

适用于钢筋混凝土地下室、地坑、地沟、水塔、水池等局部部位防水堵漏，以及厕所、卫生间等楼板打洞后渗漏修补等。

（二）速效堵漏剂

1. 定义

901 速效堵漏剂是粉状反应型快速堵漏材料。

2. 特点

具有快凝快硬，瞬间止水，早强高强，抗渗抗裂，无毒无害，贮存运输方便等特点，而且与新老混凝土及砖、石基层黏结牢固，可带水作业，施工简便，见效快，防水耐久。

3. 适用范围

可用于各种建筑屋面、地下室、水池、管道、人防洞库、国防工事、工矿井巷等工程的防水堵漏及抢修加固。

（三）速效堵漏剂

1. 定义

902 速效堵漏剂是无机与有机高分子材料复合而成的粉状韧性防水堵漏材料。

2. 特点

902 速效堵漏剂具有快凝、早强、抗渗和抗裂功能，与新旧混凝土、砖、石界面黏结牢固；可在潮湿基层或慢渗基层上带水作业；可抹压，也可涂刷，既堵漏又防水，是解决大面积渗漏的理想材料。

3. 适用范围

适用于各种工业与民用建筑屋面、地下室、水池、人防洞库、隧道、矿井、电缆沟等工程的大面积堵漏、防渗和防潮。

（四）快速堵漏剂

1. 定义

快速堵漏剂简称 FLSA，是一种凝结硬化快、强度高，具有微膨胀的无机水硬性材料。

2. 特点

快速堵漏剂凝结硬化非常快、早强、抗渗功能，并且具有微膨胀性。

3. 适用范围

可广泛应用于房屋、地下、水下、隧道等工程的堵漏止水、抢修灌筑等。

第五节 瓦类防水材料

一、水泥瓦

瓦类防水材料是传统防水材料，常见的瓦类材料有水泥瓦、油毡瓦和金属板材屋面瓦等。

1. 定义

水泥瓦主要是用水泥、沙子和水搅拌，模压成型的。水泥平瓦实际尺寸应为 385 毫米 ×235 毫米 ×14 毫米，水泥脊瓦规格为长 465 毫米、宽 175 毫米。

2. 特点

水泥瓦常用于建筑物的坡屋面，耐久性较好，自重稍大于黏土瓦，加入不同颜色可制成不同颜色的彩色水泥瓦，可美观建筑物。

3. 适用范围

适用于农村住宅建筑、别墅仓库等民用建筑屋面工程。

二、油毡瓦

1. 定义

油毡瓦是以玻璃纤维毡为胎基，经浸涂石油沥青后，一面覆盖彩色矿物粒料，另一面撒以隔离材料所制成的瓦状屋面防水片材。

2. 外观

油毡瓦外观尺寸允许偏差，优等品 ±3 毫米，合格品 ±5 毫米；不得产生脆裂和有破坏油毡瓦面的粘连；不应有孔洞、边缘切割不齐、裂纹、断缝等缺陷；矿物粒料的颜色和粒度必须均匀紧密地覆盖在油毡瓦的表面上。

3. 适用范围

较多应用于仓库、住宅改建等屋面工程。

三、金属板材屋面瓦

1. 定义

金属板材屋面瓦主要是指镀锌平板形薄钢板、镀锌波形薄钢板、带肋镀铝锌钢板和彩色压型钢板、彩色压型保温夹芯板等。

2. 特点

金属板材屋面瓦具有平洁、光滑、美观、无裂纹等优点。

3. 适用范围

适用于非保温工业厂房、库棚、展览馆、体育馆以及施工房、售货亭等移动式和组合式活动房等屋面工程。

第六节 防水涂料

一、防水涂料的分类

防水涂料是以液体高分子合成材料为主体，在常温下涂刮在结构物表面，形成的薄膜致密物质。该物质具有不透水性、一定的耐候性及延伸性，能起防水和防潮作用。

防水涂料的分类如图 2－1 所示。其中沥青基防水涂料性能低劣、施工要求高，已被淘汰。

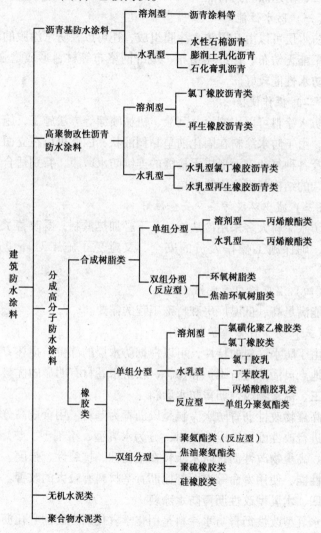

图 2 – 1　防水涂料的分类

二、防水涂料的特点

（一）防水性能好

防水层可以由几层防水涂膜组成，还可以在防水涂膜的层间放置聚酯无纺布、化纤无纺布、玻纤网格布等材料形成增强层，因此防水性能较好。

（二）操作便捷

防水涂料可以用刷涂、刮涂、机械喷涂等方法施工，施工速度快。由于防水涂料在固化前呈黏稠液状，因此可以在立面、阴阳角及各种复杂表面形成无接缝的连续防水薄膜，特别适合于形状复杂的结构基面涂刷防水层。

（三）减少环境污染，安全性好

防水涂料大多采用冷法施工，不必加热熬制，既改善了劳动条件，确保施工操作人员的安全，又避免了施工对环境造成污染。

（四）温度适应性良好

能满足高、低温厂房和特殊工程的需要。

（五）易于日常维护与修补

由于防水涂料的特性，可以根据防水层的部位、损坏方式和损坏地点灵活地进行维护和修补，较防水卷材有明显的优势。

三、高聚物改性沥青防水涂料

高聚物改性沥青防水涂料是以沥青为基料，用合成高分子聚合物进行改性配制而成的涂料，分为水乳型、溶剂型、热熔型3大类。高聚物改性沥青防水涂料在柔韧性、抗裂性、强度、耐高低温性能、使用寿命等方面都比沥青基材料有较大的改善。

四、水乳型改性沥青防水涂料

水乳型改性沥青防水涂料是用化学乳化剂配制的乳化沥青为基料，掺有氯丁胶乳或其他橡胶为原料的合成胶乳进行配制而成。分为氯丁橡胶类涂料、丁基再生橡胶类涂料和丁苯橡胶类涂料等品种。其中尤以氯丁橡胶类防水涂料用得最多，该涂料具有成膜快、强度高、耐候性好、难燃烧、无毒、不污染环境、冷施工、抗裂性好等特点，广泛用于屋面防水、厕浴间和厨房等室内地面防水，也用于防腐蚀地面的防水隔离层。

水乳型改性沥青防水涂料一般采用带盖的铁桶或塑料桶包装，每桶净重分为200千克、100千克、50千克3种。桶的立面应牢固涂刷厂名、产品标记、产品净重、生产日期和生产批号等。

五、溶剂型沥青防水涂料

溶剂型沥青防水涂料是以石油沥青与合成橡胶为基料，用适量的溶剂，配以助剂制成的一种防水涂料。按其橡胶的改性材料不同，可分为再生橡胶、氯丁橡胶、顺丁橡胶和丁苯橡胶改性沥青防水涂料等。

表2-7 溶剂型改性沥青防水涂料的物理性能

项目		技术指标	
		一等品	合格品
固体含量（%）≥		48	
抗裂性	基层裂缝（毫米）	0.3	0.2
	涂膜状态	无裂纹	
低温柔性（φ10毫米，2小时）		-15℃	-10℃
		无裂纹	
黏结强度（兆帕）≥		0.20	
耐热性（80℃×5小时）		无流淌、鼓泡、滑动	
不透水性（0.2兆帕，30分钟）		不渗水	

溶剂型沥青防水涂料能在各种复杂表面形成无接缝的防水薄膜，具有一定的防水性、柔韧性和耐久性，且涂料干燥固化迅速，能在常温及较低温度下冷施工，故适合于房屋的屋面防水工

程以及旧油毡屋面的维修和翻修，也可以用于地下室、水池、冷库、地面等抗渗或防潮等工程。

溶剂型改性沥青防水涂料采用带盖的铁桶或塑料桶包装，分20千克、25千克、50千克几种规格，桶的包装上应涂刷厂名、产品标记、产品净重、生产日期或生产批号等。并注明贮存和运输的注意事项。其物理性能如表2-7所示。

六、合成高分子防水涂料

合成高分子防水涂料以合成橡胶或合成树脂为原料，加入适量的活化剂、改性剂、增塑剂及填充料等辅助材料制成的单组分或多组分（一般为双组分）防水涂料，统称为合成高分子防水涂料。

合成高分子防水涂料的种类繁多，分为合成树脂类和橡胶类两大类，每类中分为单组分型和双组分型，按其形态可分为乳液型、溶剂型及反应型三类。

在合成高分子防水涂料中，除聚氨酯、丙烯酸酯和硅橡胶外，其余产品均为中低档防水涂料。下面主要介绍聚氨酯、丙烯酸酯和硅橡胶防水涂料。

（一）聚氨酯防水涂料

聚氨酯防水涂料是以聚氨酯树脂为主要成膜材料的一类反应型防水材料，其品种包括焦油聚氨酯、纯聚氨酯、石油沥青聚氨酯防水涂料。其中双组分聚氨酯防水涂料在现场混合搅拌均匀可形成高弹性涂膜防水层，是目前国内用得较多的一种高档防水涂料。

聚氨酯防水涂料有较大的弹性和延伸性，有较好的抗裂、耐候、耐酸和抗老化性能，能在各种复杂表面形成无接缝的防水薄膜，尤其是对基层裂缝有一定的适应性。能在常温及较低温度下冷施工，故适合于房屋的屋面防水工程、地下室、厕浴间以及市政、地下管道的防水、防腐等工程。

（二）丙烯酸酯防水涂料

丙烯酸酯防水涂料一般分为溶剂型和水乳型，目前使用较多的是水乳型。水乳型丙烯酸酯防水涂料是以纯丙烯酸共聚物、改性丙烯酸或纯丙烯酸乳液为主要成分，加入适量填料、助剂及颜料等配制而成。这类防水涂料的最大优点是具有优良的耐候性、耐热性和耐紫外线（适用温度 −30～80℃）；同时延伸性好，能适应基层一定幅度的开裂变形。

水乳型丙烯酸酯防水涂料可冷施工，可采用涂刷、刮涂、喷涂等工艺施工，适合于房屋的屋面、墙面、厕浴间以及地下室防水工程施工。

（三）硅橡胶防水涂料

硅橡胶防水涂料是以硅橡胶乳液及其他乳液的复合物为主要基料。掺入无机填料及各种助剂配制而成。该产品分为1号和2号两个品种，均为单组分。1号用于底层及表层，2号用于中间作为加强层。硅橡胶防水涂料有良好的渗透性、防水性、成膜性、弹性，黏结性和耐高、低温性能，适应基层变形能力强，成膜速度快，可在潮湿基面上施工，无毒、无味、不燃，可配制成各种颜色，但价格较高。可用于防水等级较高的屋面、地下、外墙板缝及人防工程等。

第七节　刚性防水材料

刚性防水材料通常指防水砂浆与防水混凝土，俗称刚性防水。它是以水泥、沙石为原料或掺入少量外加剂（防水剂）、高分子聚合物等材料，通过调整配合比，抑制或减少孔隙率，改变孔隙特征，增加各原材料界面间的密实性等方法配制成的具有一定抗渗能力的水泥砂浆、混凝土类防水材料。随着科学技术的发展，又生产出多种无机防水剂和灌浆堵漏材料，使刚性防水出现了多样化，防水防渗效果更好。

防水混凝土和防水砂浆除起防水作用外，更主要的是防渗，因此无论是国内和国外，都大量用于地下工程的防水与防渗。在大多数情况下，地下防水工程除采用防水混凝土与防水砂浆外，还要与柔性防水材料结合使用。

一、防水混凝土

防水混凝土是以调整混凝土的配合比、掺外加剂或使用新品种水泥等方法提高自身的密实性、憎水性和抗渗性，使其满足抗渗压力大于 0.6 兆帕的不透水性混凝土。

防水混凝土兼有结构层和防水层的双重功效。其防水机理是依靠结构构件（如梁、板、柱、墙体等）混凝土自身的密实性，再加上一些构造措施（如设置坡度、变形缝或者使用嵌缝膏、止水环等），达到结构自防水的目的。

用防水混凝土与采用卷材防水等相比较，防水混凝土具有以下特点：

1. 兼有防水和承重两种功能，能节约材料，加快施工速度。
2. 材料来源广泛，成本低廉。
3. 在结构物造型复杂的情况下，施工简便、防水性能可靠。
4. 渗漏水时易于检查，便于修补。
5. 耐久性好。
6. 可改善劳动条件。

防水混凝土一般包括普通防水混凝土、外加剂防水混凝土和膨胀剂防水混凝土三大类。

二、防水砂浆

防水砂浆是通过严格的操作技术或掺入适量的防水剂、高分子聚合物等材料，提高砂浆的密实性，以达到抗渗防水目的的一种刚性防水材料。

防水砂浆其配制，水泥要求采用强度等级不小于 32.5 级的普通硅酸盐水泥、膨胀水泥或矿渣硅酸盐水泥；砂宜采用中砂；水则应采用不含有害物质的洁净水。防水层加筋，当采用有膨胀性自应力水泥时，应增加金属网。

砂浆防水通常称为防水抹面。根据防水砂浆施工方法的不同可分为两种：一种是利用高压喷枪机械施工的防水砂浆，这种砂浆具有较高的密实性，能够增强防水效果；另一种是大量应用人工抹压的防水砂浆，这种砂浆主要依靠特定的某种外加剂，如防水剂、膨胀剂、聚合物等，以提高水泥砂浆的密实性或改善砂浆的抗裂性，从而达到防水抗渗的目的。

采用防水砂浆时，其基层要求应为混凝土或砖石砌体墙面；混凝土强度不小于 C10；砖石结构的砌筑砂浆不小于 M5；基层应保持湿润、清洁、平整、坚实、粗糙。其变形缝的设置，当年平均温差不大于 15℃时，一般建筑物的纵向变形缝间距应小于30 米。

水泥砂浆防水与卷材、金属、混凝土等几种其他防水材料相比较，虽具有一定防水功能和施工操作简便、造价便宜、容易修补等优点，但由于其韧性差、较脆、极限拉伸强度较低，易随基层开裂而开裂，故难以满足防水工程越来越高的要求。为了克服这些缺点，近年来，利用高分子聚合物材料制成聚合物改性砂浆来提高材料的拉伸强度和韧性，则是一个重要的途径。

水泥砂浆防水层按其材料成分的不同，分为刚性多层普通水泥砂浆防水、聚合物水泥砂浆防水和掺外加剂水泥砂浆防水三大类，其做法及特点见表 2-8。

水泥沙浆防水仅适用于结构刚度大、建筑物变形小、基础埋深小、抗渗要求不高的工程，不适用于有剧烈振动、处于侵蚀性介质及环境温度高于 100℃的工程。

表 2 - 8　水泥砂浆防水层常用做法及特点

分类	常用做法或名称	特点
刚性多层普通水泥砂浆防水	5层或4层抹面做法	价廉、施工简单、工期短、抗裂、抗震性较差
聚合物水泥砂浆防水	氯丁胶乳水泥砂浆	施工方便，抗折、抗压、抗震、抗冲击性能较好，收缩性大
掺外加剂水泥砂浆防水	明矾石膨胀剂水泥砂浆	抗裂、抗渗性好、后期强度稳定
	氯化铁水泥砂浆	抗渗性能好，有增强、早强作用，抗油浸性能好

三、刚性防水材料运输与贮存

1. 水泥、粉状憎水材料

应用牛皮纸袋、化纤编织袋或塑料袋等包装，贮存时应防止受潮，库房要求干燥，地面应比室外地面高出 300 毫米以上，库房四周应有排水沟，屋顶和外墙不得漏水。一般水泥存放期不得超过 3 个月，膨胀水泥存放期不得超过 2 个月。散装水泥宜采用散装水泥罐车运输并应贮存于密封的能上进下出的罐体中。

2. 水泥应按品种、批号、出厂日期分别运输和堆放

堆放时四周离墙 300 毫米以上，堆放高度不宜超过 10 袋，堆宽以 5～10 袋为限，每堆不宜超过 1 000 袋，堆垛之间应留有 1 米以上的走道。

3. 砂石堆场

应平整、清洁，无积水，按品种、粒径分别运输和堆放。

4. 钢筋堆放场地

应平坦、坚实，四周应有一定的排水坡度，或挖排水明沟，防止场地积水。钢筋堆放时下面应垫以垫木，离地不宜小于 200

毫米，也可用钢筋堆放架来堆放钢筋，不要和酸、盐、油等物品混合存放，也不能堆放在产生有害气体的车间附近，以防腐蚀钢筋。

5. 外加剂应分类保管

存放于阴凉、通风、干燥的仓库或固定场所，不得混杂，并设有醒目标志，以易于识别，便于检查，运输过程中应轻拿轻放，防止损坏包装袋或容器，并避免雨淋、日晒和受潮。

6. 块材堆放场地

要求地基坚实、平坦、干净，四周设排水沟，垛与垛之间留有走道，以便搬运。搬运时应轻拿轻放，严禁上下抛掷，保持棱角整齐，防止损坏。

第三章 建筑防水常用施工工具

第一节 一般施工机具

一、常用工具

（一）小平铲（图 3-1）

小平铲也称腻子刀，有软硬两种，软的刃口厚度 0.4 毫米，硬的刃口厚度 0.6 毫米。软性适合于调制弹性密封膏，硬性适合于清理基层。小平铲的刃口宽度有 25 毫米、35 毫米、45 毫米、50 毫米、65 毫米、75 毫米、90 毫米、100 毫米等。

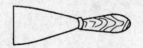

图 3-1 小平铲（腻子刀）

（二）扫帚（图 3-2）

用于清扫基层。规格同一般日用的。

图 3-2 扫帚

（三）拖布（图3-3）

用于清除基层灰尘。规格同一般日用的。

图3-3 拖布

（四）钢丝刷（图3-4）

用于清除基层灰浆杂物。

图3-4 钢丝刷

（五）皮老虎（皮风箱）（图3-5）

用于清除接缝内的灰尘。皮老虎按最大宽度有200毫米、250毫米、300毫米、350毫米等。

图3-5 皮老虎（皮风箱）

（六）铁桶、塑料桶（图3-6）

用来装溶剂及涂料。规格：普通型。

（七）嵌填工具（图3-7）

用于嵌填衬垫材料。规格：竹或木制，按缝深自制。

（八）压辊（图3-8）

用于卷材施工压边。规格φ40毫米×100毫米，钢制。

图3-6 铁桶、塑料桶

接触面

图3-7 嵌填工具

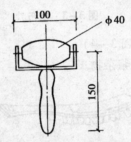

图3-8 压辊（单位：毫米）

（九）各种涂料刷

1. 油漆刷（图3-9）

用途：用于涂刷涂料。油漆刷的规格按宽度分，有13毫米、19毫米、25毫米、38毫米、50毫米、63毫米、68毫米、75毫米、100毫米、125毫米、150毫米等。

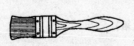

图3-9 油漆刷

图3-10 滚动刷

2. 滚动刷（图3-10）

用途：用于涂刷涂料、胶粘剂等。规格：φ600毫米×250

毫米，φ60 毫米×125 毫米。

3. 长把刷（图 3－11）

用途：用于涂刷涂料。规格：200 毫米×400 毫米。把的长度自定。

（十）磅秤（图 3－12）

用途：用于计量。规格：最大称量 50 千克，承重板 400 毫米×300 毫米，最小刻度值 0.05 千克。

图 3－11　长把刷

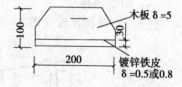

图 3－12　磅秤

（十一）各类刮板

1. 胶皮刮板（图 3－13）

用途：用于刮混合料。规格 100 毫米×20 毫米，自制。

2. 铁皮刮板（图 3－14）

用途：用于复杂部位刮混合料。规格：100 毫米×200 毫米，自制。

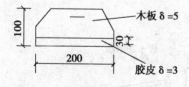

图 3－13　胶皮刮板（单位：毫米）

图 3－14　铁皮刮板（单位：毫米）

（十二）量具

1. 皮卷尺（图 3－15）

用途：用于量尺寸。规格：测量上限（米）；5 毫米、10 毫米、15 毫米、20 毫米、30 毫米、50 米。

2. 钢卷尺（图 3-16）

用途：用于量尺寸。规格：测量上限（米）：1 米、2 米、3 米。

（十三）镏子（图 3-17）

用途：用于密封材料表面修整。规格：按需要自制。

  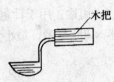

图 3-15 皮卷尺　　图 3-16 钢卷尺　　图 3-17 镏子

（十四）剪刀

用途：用于裁剪卷材等。规格：普通型。

（十五）小线绳

用途：用于弹基准线。规格：普通型。

（十六）彩色笔

用途：用于画基准线。规格：普通型。

（十七）工具箱

用途：用于装工具等。规格：按需要自制。

二、小型机具

（一）电动搅拌器（图 3-18）

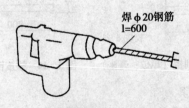

焊 $\phi 20$ 钢筋
$l=600$

图 3-18　电动搅拌器（单位：毫米）

用途：用于搅拌糊状材料。规格：转速 200 转/分钟，用手电钻改制。

（二）手动挤压枪（图 3－19）

用途：用于嵌填筒装密封材料。规格：普通型。

图 3－19　手动挤压枪

（三）气动挤压枪（图 3－20）

用途：用于嵌填筒装密封材料。规格：普通型。

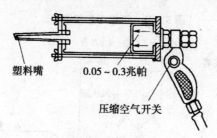

图 3－20　气动挤压枪

三、灌浆和注浆设备

（一）**手掀泵灌浆设备**

手掀泵灌浆示意见图 3－21。此设备用于建筑堵漏注浆。规格：普通型。

（二）**风压罐灌浆设备**

风压罐灌浆系统如图 3－22 所示。常用于建筑堵漏注浆。规格：普通型。

（三）**气动注浆设备**

气动注浆设备的示意见图 3－23。用于建筑堵漏注浆。规格：普通型。

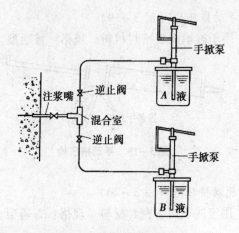

图 3-21　手掀泵灌浆示意

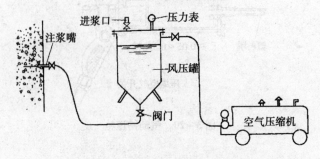

图 3-22　风压罐灌浆系统示意图

（四）电动注浆设备（图 3-24）

用于建筑堵漏注浆。规格：普通型。图 3-25 所示为注浆嘴的构造图，是注浆的专用设备，有四种形式。

四、沥青加热、施工设备

（一）节能消烟沥青锅

是一种现场广泛采用的节能、消烟环保型沥青锅，用于熬制沥青。其技术性能参数见表 3-1，图 3-26 为节能消烟沥青锅燃烧炉的示意图。

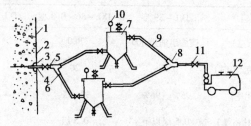

1.结构物;2.环氧胶泥封闭;3.活接头;4.注浆嘴;5.高压塑料透明管;6.连接管;7.密封贮浆罐;8.三通;9.高压风管;10.压力表;11.阀门;12.空气压缩机

图 3－23　气动注浆设备

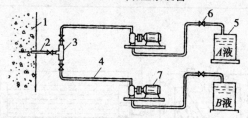

1.结构物；2.注浆嘴；3.混合室；4.输浆管；5.贮浆液；6.阀门；7.电动泵

图 3－24　电动注浆设备

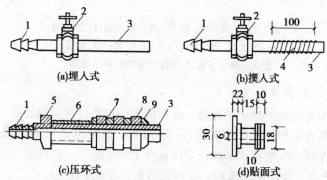

(a)埋入式　　　　　　(b)揆入式

(c)压环式　　　　　　(d)贴面式

1.进浆口；2.阀门；3.出浆口；4.麻丝；5.螺母；6.活动套管；

7.活动压环；8.弹性橡胶圈；9.固定垫圈；10.螺纹

图 3－25　注浆嘴（单位：毫米）

表 3 – 1　JXL 型节能消烟沥青锅的技术性能参数

技术项目	JXL – 89 型	JXL – 86 – 0.8 型	JXL – 86 – 1.4 型
容量（千克）	连续出油量 300	800	1400
耗煤量（千克/小时）	0.039	20	35
烟气净化率	95% ~ 96%	95.4%	95.4%
排烟黑度（林格曼）	0.5 级以下	0.5 级	0.5 级
出油温度（℃）	240 ~ 260	240 ~ 260	240 ~ 260
总质量（吨）	—	1.2	2.0

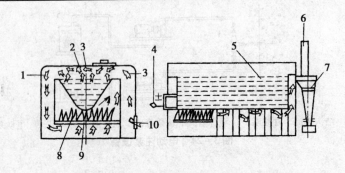

1. 混合气；2. 沥青烟；3. 热空气；4. 出油口；5. 沥青；
6. 烟囱；7. 除尘器；8. 火焰；9. 煤；10. 炉门

图 3 – 26　节能消烟沥青锅燃烧炉示意图

（二）沥青加热车

沥青加热车是一种加热、保温沥青的设备，可以现场加工制作，其外形和加工尺寸如图 3 – 27 所示。通常用 2 ~ 3 毫米的薄钢板焊制成夹层箱式结构，总质量约 150 千克，一次可熔化沥青 350 千克，并可连续添加。这种加热车具有以下优点：

1. 利用液化气和密封箱加热，通过液化气罐的阀门和表盘式热电偶温度计可调节加热温度，确保沥青在规定温度下浇铺。

2. 沥青加热车可置于屋顶上，逸出的少量烟气可向高空排放，施工环保，不影响大气质量。特别适合于翻修屋面防水层的施工。

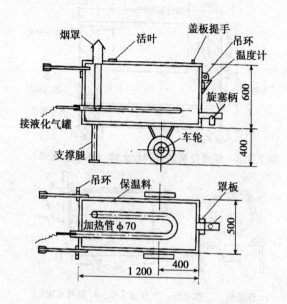

图 3 - 27 沥青加热车尺寸（单位：毫米）

3. 施工简便，加热车可随防水层的铺设在屋面上移动，并可在施工停歇时保温数小时。

4. 施工费用也较低廉。

（三）现场自制的沥青锅灶

在一些偏远、交通不便或小工程，可以在现场自制沥青锅灶，用于熬制沥青胶结材料。图 3 - 28 所示，是现场自制的锅灶大样图，规格分为容积 0.5 立方米、0.75 立方米、1.0 立方米、1.5 立方米，用钢材焊接。

（四）加热保温沥青车

图 3 - 29 所示的加热保温沥青车是防水工程冬季施工必备的设备，用于冬季运输沥青胶结材料。贮油桶的容积约为

0.3 立方米。

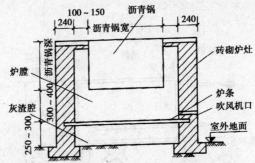

图 3-28　现场自制沥青锅灶大样（单位：毫米）

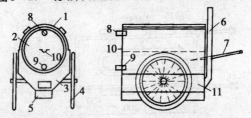

1. 保温盖；2. 贮油桶；3. 保温车厢；4. 胶皮车轮；

5. 掏灰口；6. 烟囱；7. 车把；8. 贮油桶出气口；

9. 流油嘴及闸门；10. 吊环；11. 加热室

图 3-29　加热保温沥青车

（五）鸭嘴壶（图 3-30）

用途：用于浇灌沥青胶结料。规格：φ60 毫米、$h = 500$
毫米。

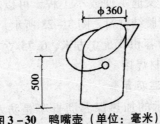

图 3-30　鸭嘴壶（单位：毫米）

第二节　热熔卷材施工机具

一、喷灯

喷灯又称喷火灯、冲灯，主要用于热熔卷材的施工。按所用燃料的不同，又分为汽油喷灯和煤油喷灯，如图3－31所示。

用喷灯进行热熔卷材施工，是将卷材的黏结面材料加热，使之呈熔融状态，给予一定的外力后，使卷材与基层、卷材与卷材之间黏结牢固。

煤油喷灯　　　　汽油喷灯

图3－31　喷灯

二、手提式微型燃烧器

手提式微型燃烧器由微型燃烧器与供油罐两部分组成，并配备一台空气压缩机，通过压缩机将供油罐内的油增压，使之成为油雾，点燃油雾使微型燃烧器发出火焰，加热卷材与基层，使卷材达到熔融状态，施加一定的外力，使卷材与基层黏结牢固。微型燃烧器和供油罐构造如图3－32、图3－33所示。

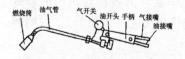

图3－32　微型燃烧器

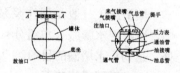

图3－33　供油罐

三、AD牌新型火焰枪

（一）AD牌新型火焰枪的主要技术指标

1. 安全

安全压力为1.5～2.5兆帕，爆炸压力为7.2兆帕。

2. 工作压力

油罐正常工作压力为 0.2 兆 ~0.5 兆帕。

3. 温度

加热卷材时，火焰温度可在 1 000 ~1 500℃ 范围内调节。

4. 装油量

大型油罐为 15 千克，小型油罐为 4 千克。

5. 耗油量

耗油量为 1.4 ~1.8 升。

（二）特点

1. 预热时间短

打开调节阀 2 ~3 毫秒后，即呈蓝色火焰。

2. 火焰强

火焰长度为 50 ~600 毫米。

3. 耐用

长期燃烧不断火、不堵塞。

4. 使用方便

油罐与火焰枪喷火筒使用时橡胶管分离连接，便于使用。

第三节　堵漏施工机具

堵漏施工一般是用注浆泵把化学浆注入各种建筑物的裂缝中，浆液遇水膨胀（单组分）或起化学反应（双组分），封堵漏处，达到止水堵漏的目的。

一、手压式注浆泵

手压式注浆泵技术指标：最大使用压力 1 兆帕；泵体质量为 6 千克；浆液贮量为 6 ~8 千克；常用注浆压力为 0.3 ~0.5 兆帕。手压式注浆泵结构如图 3 -34 所示。

二、电动式注浆泵

电动式注浆泵技术指标：灌注压力最高可达 70 兆帕，浆液可压入宽度在 0.02 毫米以上微小裂缝内。模块三热焊卷材施工机具热压焊接法是将两片 PVC 防水卷材搭接 40～50 毫米，通过焊嘴吹热风加热，利用聚氯乙烯材料的热塑性，使卷材的边缘部分达到熔融状态．然后用压辊加压，将两片卷材融为一体的方法。热压焊接机构造如图 3－35 所示。

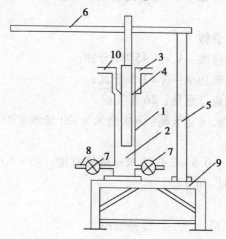

1. 内套管；2. 外套管；3. 压盘；4. 石棉绳；

5. 立柱；6. 手压杆；7. 止回阀；8. 连接钢管；

9. 支架；10. 连接螺丝

图 3－34　手压式注浆泵结构图

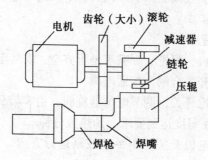

图 3－35　热压焊接机构造

第四节　热焊接卷材施工机具

热压焊接机由传动系统、热风系统、转向部分组成。热压焊接机主要用来焊接 PVC 防水卷材的平面直线，手动焊枪焊接圆弧及立面。

一、技术参数

热压焊接速度：V = 0.45 米/分钟；

热压焊接机功率：N = 1.5 千瓦；

热压焊接机总重量：26 千克。

外形尺寸长 × 宽 × 高：706 毫米 × 320 毫米 × 900 毫米

二、性能

焊接厚度：0.8 ~ 2.0 毫米；搭接宽度；40 ~ 50 毫米；焊枪调节温度：100 ~ 400℃。

三、特点

1. 使用灵活、方便，设备耐用；

2. 体积轻巧，结构简单，成本低；

3. 劳动强度低，保证质量；

4. 节约卷材；

5. 焊接不受气候的影响，风天、冬天均可施工。

6. 环境污染少。

四、操作程序

1. 检查焊机、焊枪、焊嘴等是否齐全、安装牢固。

2. 总启动开关合闸，接通电源。

3. 先开焊枪开关，调节电位器旋钮，由零转到适合的功率，要逐步调节，使温度达到要求，预热数分钟。

4. 开运行电机开关，用手柄控制运行方向，开始热压焊接施工。

5. 焊接完毕，先关热压焊接机的电机开关，然后要旋转焊枪的旋钮，使之到 0 位，经过几分钟后，再关焊枪的开关。

五、注意事项

1. 热压焊机停机后潮湿地方，要轻拿轻放。

2. 热压焊机工作时，严禁用手触摸焊嘴，以免烫伤。

3. 严格按操作程序使用，不得擅自乱动。

4. 每次用完后要关掉总闸。

5. 施工时，不允许穿带钉子鞋进入现场。

6. 设专人操作、保养。

第四章　卷材防水施工

第一节　卷材防水层铺贴一般要求

一、对基层的要求

1. 基层不得积水，屋面平面、檐口、天沟（尤其是水落口等处）等坡度、标高应符合设计图样要求，确保排水顺畅。

2. 女儿墙、变形缝墙、天窗及垂直墙根等转角泛水处应抹成圆弧形或钝角，卷材收头处留设的凹槽尺寸正确，不得遗漏。

3. 穿过屋面的管道、设备或预埋件，应在屋面防水层和保温层施工以前安装好，避免防水层施工完成后再次凿眼打洞。分段施工时，屋面防水、保温工程已完成的部分应妥善保护，防止损坏。

4. 卷材屋面的基层必须有坚固而平整的表面，不得有凹凸不平和严重裂缝（＞1 毫米），也不允许发生酥松、起砂、起皮等情况。当用 2 米直尺检查基层平整度时，基层与直尺间的空隙不应超过 5 毫米。空隙仅允许平缓变化，每米长度内不得多于 1 处。超过上述的空隙，可根据情况用热玛帝脂或沥青砂浆填补。

二、对防水层厚度的要求

为确保防水工程质量，使屋面在防水层合理使用年限内不发生渗漏，防水层卷材厚度选用应符合表 4 - 1 的规定。

表 4 - 1　卷材厚度选用表

屋 面 防 水 等级	设防道数	合 成 高 分 子 防水卷材	高聚物改性 沥青防水卷 材	沥青防水卷材
Ⅰ级	三道或三道 以上设防	不应小于1.5 毫米	不应小于3 毫米	—
屋 面 防 水 等级	设防道数	合 成 高 分 子 防水卷材	高聚物改性 沥青防水卷 材	沥青防水卷材
Ⅱ级	二道设防	不应小于1.2 毫米	不应小于3 毫米	
Ⅲ级	一道设防	不应小于1.2 毫米	不应小于4 毫米	三毡四油
Ⅳ级	一道设防	—	—	二毡三油

三、卷材铺贴条件

1. 基层表面

必须平整、坚实、干燥、清洁，且不得有起砂、开裂和空鼓等缺陷。这有利于防水材料与基层的黏结，减少基层中多余水分在高温时导致防水层的起鼓。

凡有碍于防水层黏结的物质，如灰尘、水泥砂浆、木屑、铁锈等微细物均需彻底清除。大面积清除一般宜用空气压缩机，而局部地方则可用钢丝刷、小平铲（腻子刀）、扫帚、拖布等。

基层干燥一般要求混凝土或水泥砂浆的含水率控制在 6% ~ 9% 以下。如急需在潮湿基层上铺贴卷材，而基层干燥有困难时，则可作排屋面，并采用相应铺贴工艺。

2. 一定龄期

目前屋面基层多数采用水泥砂浆或细石混凝土材料，而水泥类胶结材料在硬化初期是湿度、温度剧烈变化的阶段，也是体积收缩较大的时刻，在这种情况下，进行防水层施工是很不利的。从保证工程质量出发，水泥类材料应达到一定龄期，以防止水泥类材料体积收缩引起防水层的开裂。

3. 屋面防水层的基层的坡度必须符合设计和施工技术规范的要求，不得有倒坡积水现象。

4. 防水层施工前，突出屋面的管根、预埋件、楼板吊环、拖拉绳、吊架子固定构造等处，应做好基层处理；阴阳角、女儿墙、通气囡根、天窗、伸缩缝、变形缝等处，应做成半径为30~150毫米的圆弧或钝角（阳角可为 R = 30 毫米）。

四、其他要求

1. 基层表面温度与气候条件（如气温、湿度、太阳照射条件等）密切相关。一般而言，卷材防水应选择在晴朗天气施工，此时防水层粘贴效果最佳。但应避开寒冷和酷暑季节，严禁在雨天、雪天施工，五级风及其以上也不得施工。

2. 施工环境温度应符合表4-2的要求。

表4-2　屋面保温层和防水层施工环境温度

序号	项目	施工环境温度
1	黏结保温层	热沥青不低于 -10；水泥砂浆不低于5
2	沥青防水卷材	不低于5
3	高聚物改性沥青防水卷材	冷粘法不低于5；热熔法不低于 -10
4	合成高分子防水卷材	冷粘法不低于5；热风焊接法不低于 -10
5	高聚物改性沥青防水涂料	溶剂型不低于 -5；水溶型不低于5
6	合成高分子防水涂料	溶剂型不低于 -5；水溶型不低于5
7	刚性防水层	不低于5

第二节　卷材防水层

一、施工准备

（一）技术准备

1. 进行图纸会审，掌握明确设计意图。根据设计图纸要求编制施工方案，并已经批准。屋面的防水等级、选用材料、层次结构、质量标准、细部做法、工序交叉作业、施工配合等已形成完整、具备指导施工的技术文件。

2. 对进场作业人员进行技术交底或培训，明确质量目标、施工方法、操作程序、质量控制手段和"三检"制度要求；掌握天气预报资料，提出施工进度要求。

（二）材料准备

1. 防水材料进场，并有生产厂家提供的产品合格证、检测报告。材料外表或包装物应有明显标志，标明材料生产厂家、材料名称规格、生产日期、执行标准、生产许可证号等。对较大工程或因施工条件限制需分批进场的材料，要分批检查检测。分批进场材料，批量防水卷材不能低于1 000平方米。

2. 屋面防水材料进场后，应由监理、建设、施工三方共同进场验收，并按规定对材料进行复试。不合格材料不得在本工程中使用。对防水卷材规定进行见证取样检测。

（三）施工机具准备

屋面防水施工机具，根据使用材料作业方法选择作业机具。

（四）现场作业条件准备

施工现场条件符合防水作业要求。屋面上各种预埋件、支座、伸出屋面管道、水落口等设施已安装就位，屋面找平层已检查验收，质量合格；基层干燥含水率符合要求；材料垂直水平运输满足使用要求；消防劳动保护保证条件已具备；气候适应防水作业要求。

二、材料要求

（一）高聚物改性沥青防水卷材的外观质量

高聚物改性沥青防水卷材的外观质量应符合表 4－3 的要求。

表 4－3　高聚物改性沥青防水卷材的外观质量

项　目	质量要求
孔洞、缺边、裂口边缘不整齐胎体露白、未浸透	不允许不超过 10 毫米不允许
撒布材料粒度、颜色每卷卷材的接头	过 1 处，较短的一段不应小于 1 000 毫米，接头处应加长 150 毫米

（二）自粘橡胶沥青防水卷材的外观质量

自粘橡胶沥青防水卷材的外观质量见表 4－4。

表 4－4　自粘橡胶沥青防水卷材的外观质量

项　目	质量要求
成卷卷材外观	应卷紧、卷齐，端面里进外出差不得超过 20 毫米
卷材表面	应平整，不允许有可见的缺陷，如孔洞、结块、裂纹、气泡、缺边与裂口等
开卷温度	在环境温度为柔度规定的温度以上时应易于展开
每卷接头	不超过 1 处，较短的一段不小于 1 000 毫米，接头处应加长 150 毫米

（三）沥青防水卷材的外观质量

1. 沥青防水卷材的外观质量应符合表 4－5 的要求。

表4－5　沥青防水卷材的外观质量

项目	质量要求
孔洞、硌伤	不允许
露胎、涂盖不匀	不允许
折纹、皱褶	距卷芯1 000毫米以外，长度不大于100毫米
裂纹	距卷芯1 000毫米以外，长度不大于10毫米
裂口、缺边	边缘裂口小于20毫米；缺边长度小于50毫米，深度小于20毫米
每卷卷材的接头	不超过1处，较短的一段不应小于2 500毫米，接头处应加长150毫米

2. 沥青防水卷的规格应符合表4－6的要求。

表4－6　沥青防水卷材规格

标号	宽度（毫米）	每卷面积（平方毫米）	卷重（千克）	
350号	915	20±0.3	粉毡	≥28.5
	1 000		片毡	≥31.5
500号	915	20±0.3	粉毡	≥39.5
	1 000		片毡	≥42.5

（四）卷材的贮运、保管应符合下列规定

1. 不同品种、型号规格的卷材应分别堆放。

2. 卷材应贮存在阴凉通风的室内，避免雨林、日晒和受潮，严禁接近火源。沥青防水卷材贮存环境温度，不得高于45℃。

3. 防水卷材宜直立堆放，其高度不宜超过两层，并不得倾斜或横压，短途运输平放不宜超过四层。

4. 卷材应避免与化学介质及有机溶剂等有害物质接触。

（五）卷材胶黏剂、胶黏带的质量应符合下列要求

1. 改性沥青胶黏剂的剥离强度不应小于8牛/10毫米。

2. 合成高分子胶黏剂的剥离强度不应小于 15 牛/10 毫米，浸水 168 小时后的保持率不应小于 70%。

3. 胶黏带的剥离强度不应小于 6 牛/10 毫米，浸水 168 小时后的保持率不应小于 70%。

（六）卷材胶黏剂和胶黏带的贮运、保管应符合下列规定

1. 同品种、规格的卷材胶黏剂和胶黏带，应分别用密封桶或纸箱包装。

2. 胶黏剂和胶黏带应贮存在阴凉通风的室内，严禁接近火源和热源。

（七）进场的卷材抽样复验应符合下列规定

1. 同一品种、型号和规格的卷材，抽样数量：大于 1 000 卷抽取 5 卷；500~1 000 卷抽取 4 卷；100~499 卷抽取 3 卷；小于 100 卷抽取 2 卷。

2. 受检的卷材进行规格尺寸和外观质量检验，全部指标达到标准规定时，即为合格。其中若有一项指标达不到要求，允许在受检产品中另取相同数量卷材进行复检，全部达到标准规定为合格。复检时仍有一项指标不合格，则判定该产品外观质量为不合格。

3. 外观质量检验合格的卷材中，任取一卷做物理性能检验，若物理性能有一项指标不符合标准规定，应在受检产品中加倍取样进行该项复检，复检结果如仍不合格，则判定该产品为不合格。

（八）进场的卷材物理性能应检验下列项目

1. 沥青防水卷材纵向拉力，耐热度，柔度，不透水性。

2. 高聚物改性沥青防水卷材可溶物含量，拉力，最大拉力时延伸率，耐热度，低温柔度，不透水性。

3. 合成高分子防水卷材断裂拉伸强度，扯断伸长率，低温弯折，不透水性。

（九）进场的卷材胶黏剂和胶黏带物理性能应检验下列项目

1. 改性沥青胶黏剂剥离强度。

2. 合成高分子胶黏剂剥离强度和浸水 168 小时后的保持率。

3. 双面胶黏带剥离强度和浸水 168 小时后的保持率。

三、细部构造

1. 天沟、檐沟防水构造应符合下列规定

（1）天沟、檐沟应增铺附加层。当采用沥青防水卷材时，应增铺一层卷材；当采用高聚物改性沥青防水卷材或合成分子防水卷材时，宜设置防水涂膜附加层。

（2）天沟、檐沟与屋面交接处的附加层宜空铺，空铺宽度不应小于 200 米，如图 4－1 所示。

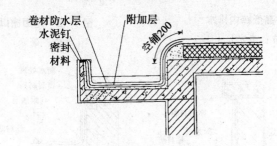

图 4－1　屋面檐沟（单位：毫米）

（3）天沟、檐沟卷材收头应固定密封。

（4）高低跨内排水天沟与立墙交接处，应采取能适应变形的密封处理，如图 4－2 所示。

2. 无组织排水檐口

800 毫米范围内的卷材应采用满粘法，卷材收头应固定密封，如图 4－3 所示。檐口下端应做滴水处理。

3. 泛水防水构造应遵守下列规定

（1）铺贴泛水处的卷材应采用满粘法。泛水收头应根据泛水高度和泛水墙体材料确定其密封形式。

①墙体为砖墙时，卷材收头可直接铺至女儿墙压顶下，用压

条钉压固定并用密封材料封闭严密，压顶应做防水处理，如图4-4所示；卷材收头也可压入砖墙凹槽内固定密封，凹槽距屋面找平层高度不应小于250毫米，凹槽上部的墙体应做防水处理，如图4-5所示。

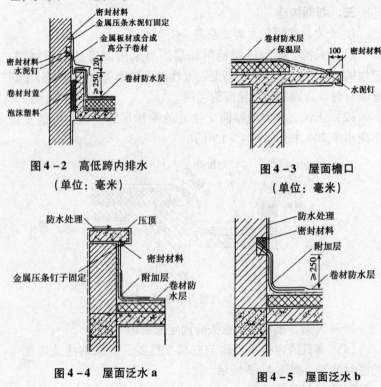

图4-2 高低跨内排水
（单位：毫米）

图4-3 屋面檐口
（单位：毫米）

图4-4 屋面泛水 a

图4-5 屋面泛水 b
（单位：毫米）

②墙体为混凝土时，卷材收头可采用金属压条钉压，并用密封材料封固，如图4-6和图4-7所示。

（2）泛水宜采取隔热防晒措施，可在泛水卷材面砌砖后抹水泥砂浆或浇筑细石混凝土保护，也可采用涂刷浅色涂料或粘贴铝箔保护。

4. 变形缝

内宜填充泡沫塑料，上部填放衬垫材料，并用卷材封盖，顶部应加扣混凝土盖板或金属盖板，如图4-6所示。

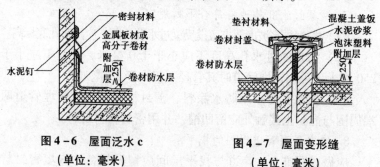

图4-6　屋面泛水 c
（单位：毫米）

图4-7　屋面变形缝
（单位：毫米）

5. 水落口防水构造应符合下列规定

（1）水落口宜采用金属或塑料制品。

（2）水落口埋设标高，应考虑水落口设防时增加的附加层和柔性密封层的厚度及排水坡度加大的尺寸。

（3）水落口周围直径500毫米范围内坡度不应小于5%，并应用防水涂料涂封，其厚度不应小于2毫米。水落口与基层接触处，应留宽20毫米、深20毫米凹槽，嵌填密封材料，如图4-8和图4-9所示。

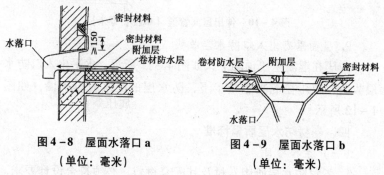

图4-8　屋面水落口 a
（单位：毫米）

图4-9　屋面水落口 b
（单位：毫米）

6. 女儿墙、山墙

可采用现浇混凝土或预制混凝土压顶，也可采用金属制品或合成高分子卷材封顶。

7. 反梁过水孔构造应符合下列规定

（1）根据排水坡度要求留设反梁过水孔，图纸应注明孔底标高。

（2）留置的过水孔高度不应小于150毫米，宽度不应小于250毫米，采用预埋管道时其管径不得小于75毫米。

（3）过水孔可采用防水涂料、密封材料防水。预埋管道两端周围与混凝土接触处应留凹槽，并用密封材料封严。

8. 伸出屋面管道周围的找平层

应做成圆锥台，管道与找平层间应留凹槽，并嵌填密封材料；防水层收头处应用金属箍箍紧，并用密封材料填严，如图4-10所示。

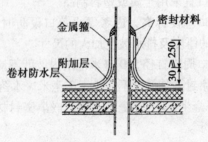

图4-10　伸出屋面管道（单位：毫米）

9. 屋面垂直出入口防水层收头

应压在混凝土压顶圈下，如图4-11所示；水平出入口防水层收头，应压在混凝土踏步下，防水层的泛水应设护墙，如图4-12所示。

四、卷材防水层质量标准

（一）主控项目

1. 卷材防水层所用卷材及其配套材料，必须符合设计要求。

检验方法：检查出厂合格证、质量检验报告和现场抽样复验报告。

2. 卷材防水层不得有渗漏或积水现象。检验方法：雨后或淋水、蓄水检验。

3. 卷材防水层在天沟、檐沟、檐口、水落口、泛水、变形缝和伸出屋面管道的防水构造，必须符合设计要求。检验方法：观察检查和检查隐蔽工程验收记录。

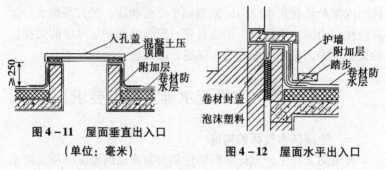

图 4-11　屋面垂直出入口
（单位：毫米）

图 4-12　屋面水平出入口

（二）一般项目

1. 卷材防水层的搭接缝应黏（焊）结牢固，密封严密，不得有皱褶、翘边和鼓泡等缺陷；防水层的收头应与基层黏结并固定牢固，缝口封严，不得翘边。检验方法：观察检查。

2. 卷材防水层上的撒布材料和浅色涂料保护层应铺撒或涂刷均匀，黏结牢固；水泥砂浆、块材或细混凝土保护层与卷材防水层间应设置隔离层；刚性保护层的分格缝留置应符合设计要求。检验方法：观察检查。

3. 排气屋面的排气道应纵横贯通，不得堵塞。排气管应安装牢固，位置正确，封闭严密。检验方法：观察检查。

4. 卷材的铺贴方向应正确，卷材搭接宽度的允许偏差为 -10毫米。

第五章　涂膜防水施工

涂膜防水是指在屋面或地下建筑物的混凝土或砂浆基层上，抹压或涂布具有防水能力的流态或半流态物质，经过溶剂水分蒸发固化或交链化学反应，形成具有一定弹性和一定厚度的无接缝的完整薄膜，使基层表面与水隔绝，起到防水密封作用。

第一节　涂膜防水施工基本要求

一、涂膜防水屋面的构造

在屋面工程中，根据涂料的性质与防水层的厚度不同，防水层做法及厚度不同，有的只涂几层涂膜，有的要在涂膜之间加铺胎体增强材料，与此同时，对所有接缝尚应用密封材料进行嵌填，使之成为增强的余膜防水层。

二、涂膜防水分类及施工要求

（一）涂膜防水分类

1. 按涂膜厚度分为薄质涂膜和厚质涂膜。

2. 按防水层胎体的做法分为单纯涂膜层和加胎体增强材料涂膜（增强材料有玻璃丝布、化纤、纤维毡等），加胎体增强材料涂膜可以做成一布二涂、二布三涂、多布多涂等。

3. 按涂料类型分为溶剂型、水乳型、反应型3种。

4. 按涂料成膜物质的主要成分分为沥青基防水涂料、高聚物改性沥青防水涂料、合成高分子防水涂料3大类。

5. 按涂膜功能分为防水涂膜和保护涂膜2大类。

（二）涂膜防水屋面施工基本规定

1. 屋面坡度：上人屋面在1%以上或不上人屋面在2%以

上，不得有积水。如屋面排水不畅或长期积水，则涂膜长期浸泡在水中，水乳型的防水涂料可能出现"再乳化"现象，降低防水层的功能。其他防水涂料由于积水周围温差不同，干湿不一，若长期浸泡，也会降低涂膜防水层的使用年限。

2. 基层平整度是保证涂膜防水屋面质量的关键。找平层的平整度用 2 米长直尺检查，基层与直尺的最大空隙应不超过 5 毫米，空隙仅允许平缓过渡变化，每米长度内不得多于 1 处。

3. 基层强度一般应不小于 5 兆帕。不得有酥松、起砂、起皮等缺陷；出现裂缝应予修补。找平层的水泥砂浆配合比、细石混凝土的强度等级及厚度应符合设计要求。如基层表面酥松、强度过低、裂缝过大，就容易使涂膜与基层黏结不牢，在使用过程中往往会造成涂膜与基层剥离，而成为渗漏的主要原因之一。

4. 基层的干燥程度应符合所使用涂料的要求。基层含水率的大小，对不同类型的涂膜有着不同程度的影响。一般来说，溶剂型防水涂料对基层含水率的要求比水乳型防水涂料严格。溶剂型涂料必须在干燥的基层上施工，以避免产生涂膜鼓泡的质量问题。对于水乳型防水涂料，则可在基层表面干燥后涂布施工。

（三）施工要求

1. 施工气候条件影响涂膜防水层的质量和施工操作。溶剂型涂料的施工环境温度宜在 -5～35℃；水乳型涂料的施工环境温度宜为 5～35℃。五级风及其以上时不得施工，雨天、雪天严禁施工。

2. 涂膜应根据防水涂料的品种分层分遍涂布，不得一次涂成。

3. 应待先涂的涂层干燥成膜后，方可涂后一遍涂料。

4. 需铺设胎体增强材料时，屋面坡度小于 15% 时，可平行屋面铺设；屋面坡度大于 15% 时，应垂直于屋脊铺设。

5. 胎体长边搭接宽度应不小于 50 毫米，短边搭接宽度应不小于 70 毫米。

6. 采用二层胎体增强材料时，上下层不得相互垂直铺设，搭接缝应错开，其间距应不小于幅宽的 1/3。

7. 应按照不同屋面防水等级，选定相应的防水涂料及其涂膜厚度。

8. 天沟、檐沟、檐口、泛水和立面涂膜防水层的收头，应用防水涂料多遍涂刷或用密封材料封严。

9. 在天沟、檐沟、檐口、泛水或其他基层采用卷材防水时，卷材与涂膜的接缝应顺流水方向搭接，搭接宽度应不小于 100 毫米。

10. 涂膜防水屋面完工并经验收合格后，应做好成品保护。涂膜实干前，不得在防水层上进行其他施工作业，涂膜防水屋面上不得直接堆放物品。

第二节　涂膜防水层施工

一、高聚物改性沥青防水涂膜施工

（一）施工准备

1. 主要机具设备

（1）机械设备。搅拌器，吹尘器，铺布机具，物料提升设备等。

（2）主要工具。大棕毛刷（板长 24～40 厘米）、长把滚刷、油刷、大小橡皮刮板、笤帚、料桶、搅拌桶、剪刀、磅秤、抹子、铁锹等。

2. 工作条件

（1）基层施工完毕，检查验收，办理完隐蔽工程验收手续。表面应清扫干净，残留的灰浆硬块及突出部分清除掉，整平修补、抹光。屋面与突出屋面结构连接处等部分阴阳角，做成半径为 20 毫米的圆弧或钝角。水泥砂浆基层表面应保持干燥，不得有起砂、开裂、空鼓等缺陷。

（2）所有伸出屋面的管道、水落口等必须安装牢固，不得出现松动、变形、移位等现象，并做好附加层等增强处理。

（3）施工环境温度在5℃以上，雨雪、风沙、大风天气均不宜进行施工。

（4）机具、材料均已备齐运至现场，并搭设好垂直运输设施。做好屋面施工的安全防护措施。

（5）进场主体材料已经检测合格，胎体增强材料、辅助材料达到标准要求。

（6）已进行技术交底。

（二）工艺流程

高聚物改性沥青防水涂料工艺流程（以二布六涂为例）：

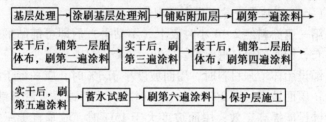

（三）基层处理

将屋面清扫干净，不得有浮灰、杂物、油污等，表面如有裂缝或凹坑，应用防水胶与滑石粉拌成的腻子修补，使之平滑。

（四）涂刷基层处理剂

基层处理剂可以隔断基层潮气，防止涂膜起鼓、脱落，增强涂膜与基层的黏结。基层处理剂可用掺0.2%~0.5%乳化剂的水溶液或软化水将涂料稀释，其用量比例一般为防水涂料：乳化剂水溶液（或软水）=1：（0.5~1）。对于溶剂型防水涂料，可用相应的溶剂稀释后使用；也可用沥青溶液（即冷底子油）作为基层处理剂，基层处理剂应涂刷均匀，无露底，无堆积。涂刷时，应用刷子用力薄涂，使涂料尽量刷进基层表面的毛细孔中。

（五）铺贴附加层

对一头（防水收头）、二缝（变形缝、分割缝）、三口（水落口、出入口、檐口）及四根（女儿墙根、设备根、管道根、烟囱根）等部位，均加做一布二油附加层，使粘贴密实，然后再与大面同时做防水层涂刷。

（六）刷第一遍涂料

涂料涂布应分条或按顺序进行。分条进行时，每条宽度应与胎体增强材料宽度一致，以免操作人员踩踏刚涂好的涂层。涂刷应均匀，涂刷不得过厚或堆积，避免露底或漏刷。人工涂布一般采用蘸刷法。涂布时先涂立面，后涂平面。涂刷时不能将气泡裹进涂层中，如遇起泡应立即用针刺消除。

（七）铺贴第一层胎体布，刷第二遍涂料

第一遍涂料经 2~4 小时表干（不粘手）后即可铺贴第一层胎体布，同时刷第二遍涂料。

铺设胎体增强材料时，屋面坡度小于 3% 时，应平行于屋脊铺设；屋面坡度大于 3% 小于 15% 时，可平行或垂直屋脊铺设，平行铺设能提高工效；屋面坡度大于 15% 时，应垂直于屋脊铺设。胎体长边搭接宽度不应小于 50 毫米，短边搭接宽度不应小于 70 毫米，收口处要贴牢，防止胎体露边、翘边等缺陷，排除气泡，并使涂料浸透布纹，防止起鼓等现象。铺设胎体增强材料时应铺平，不得有皱褶，但也不宜拉得过紧。胎体增强材料的铺设可采用湿铺法或干铺法。

湿铺法就是边倒料、边涂刷、边铺贴的操作方法。施工时，在已干燥的涂层上，将涂料仔细刷匀，然后将成卷的胎体增强材料平放，推滚铺贴于刚刷上涂料的屋面上，用滚刷滚压一遍，务必使全部布眼浸满涂料，使上下两层涂料能良好结合，铺贴胎体增强材料时，应将布幅两边每隔 1.5~2.0 米间距各剪 15 毫米的小口，以利铺贴平整。铺贴好的胎体增强材料不得有皱褶、翘边、空鼓等现象，不得有露白现象。

干铺法就是在上道涂层干燥后，边干铺胎体增强材料，边均匀满刮一道涂料。使涂料进入网眼渗透到已固化的涂膜上。采用干铺法铺贴的胎体增强材料如表面有部分露白时，即表明涂料用量不足，应立即补刷。

（八）刷第三遍涂料

上遍涂料实干后（约 12 ～ 14 小时）即可涂刷第三遍涂料，要求及做法同涂刷第一遍涂料。

（九）刷第四遍涂料，同时铺第二层胎体布

上遍涂料表干后即可刷第四遍涂胶料，同时铺第二层胎体布。铺第二层胎体布时，上下层不得相互垂直铺设，搭接缝应错开，其间距不应小于幅宽的 1/3。

（十）涂刷第五遍涂料

上遍涂料实干后，即可涂刷第五遍涂料。

（十一）淋水或蓄水检验

第五遍涂料实干后，厚度达到设计要求，可进行蓄水试验。方法是临时封闭水落口，然后蓄水，蓄水深度按设计要求，时间不少于 24 小时。无女儿墙的屋面可做淋水试验，试验时间不少于 2 小时，如无渗漏，即认为合格，如发现渗漏，应及时修补，再做蓄水或淋水试验，直至不漏为止。

（十二）涂第六遍涂料

经蓄水试验不漏后，可打开水落口放水。干燥后再刷第六遍涂料。

（十三）施工注意事项

1. 涂刷基层处理剂时要用力薄涂，涂刷后续涂料时应按规定的每遍涂料的厚度（控制材料用量）均匀、仔细地涂刷。各层涂层之间的涂刷方向相互垂直，以提高防水层的整体性和均匀性。涂层间的接槎，在涂刷时每遍应退槎 50 ～ 100 毫米，接槎时也应超过 50 ～ 100 毫米，避免在接槎处发生渗漏。

2. 涂刷防水层前，应进行涂层厚度控制试验，即根据设计要求的涂膜厚度及涂料材性等事先试验，确定每遍涂料涂刷的厚度以及防水层需要涂刷的遍数。每遍涂料涂层厚度以 0.3 ~ 0.5 毫米为宜。

3. 在涂刷厚度及用量试验的同时，也应测定每遍涂层实干的间隔时间。防水涂料的干燥时间（表干和实干）因材料的种类、气候的干湿程度等因素的不同而不同，必须根据实验确定涂料干燥时间。

4. 施工前要将涂料搅拌均匀。双组分或多组分涂料要根据用量进行配料搅拌。采用双组分涂料，每次配制数量应根据每次涂刷面积计算确定，混合后材料存放时间不得超过规定可使用时间，不应一次搅拌过多使涂料发生凝聚或固化而无法使用，夏天施工应尤为注意。每组分涂料在配料前必须先搅拌均匀。搅拌时应先将主剂投入搅拌器内，然后放入固化剂，并立即开始搅拌，搅拌时间一般为 3 ~ 5 分钟。要注意将材料充分搅拌均匀。主剂和固化剂的混合应严格按厂家配合比配制，偏差不得大于 ±5%。不同组分的容器、搅拌棒及取料勺等不得混用，以免产生凝胶。单组分涂料，使用前必须充分搅拌，消除因沉淀而产生的不匀质现象。未用完的涂料应加盖封严，桶内有少量结膜现象，应清除或过滤后使用。

5. 施工完成后，应有自然养护时间，一般不少于 7 天。在养护期间不得上人行走或在其上操作，禁止在上面堆积物料，避免尖锐物碰撞。

6. 施工人员必须穿软底鞋在屋面操作，施工过程中穿戴好劳动防护用品，屋面施工应有有效的安全防护措施。

二、聚氨酯防水涂膜

（一）工艺流程

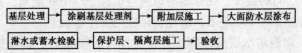

（二）基层处理

1. 清理基层表面的尘土、沙粒、砂浆硬块等杂物，并吹（扫）净浮尘。凹凸不平处，应修补。

2. 涂刷基层处理剂大面积涂刷防水膜前，应做基层处理剂。

（三）甲乙组分混合

其配料方法是将聚氨酯甲、乙组分和二甲苯按产品说明书配比及投料顺序配合、搅拌至均匀，配制量视需要确定，用多少配制多少。附加层施工时的涂料也是用此法配制的。

（四）大面防水层涂布

1. 第一遍涂膜施工在基层处理剂基本干燥固化后（即为表干不粘手），用塑料刮板或橡皮刮板均匀涂刷第一遍涂膜，厚度为 0.8~1.0 毫米，涂量约为 1 千克/平方米。涂刷应厚薄均匀一致，不得有漏刷、起泡等缺陷，若遇起泡，采用针刺消泡。

2. 第二遍涂膜施工待第一遍涂膜固化，实干时间约为 24 小时，涂刷第二遍涂膜。涂刷方向与第一遍垂直，涂刷量略少于第一遍，厚度为 0.5~0.8 毫米，用量约为 0.7 千克/平方米，要求涂刷均匀，不得漏涂、起泡。

3. 待第二遍涂膜实干后，涂刷第三遍涂膜，直至达到设计规定的厚度。

（五）淋水或蓄水检验

第五遍涂料实干后，进行淋水或蓄水检验。条件允许时，有女儿墙的屋面蓄水检验方法是临时封闭水落口，然后用胶管向屋面注水，蓄水高度至泛水高度，时间不少于 24 小时。无女儿墙的屋面可做淋水试验，试验时间不少于 2 小时，如无渗漏，即认为合格，如发现渗漏，应及时修补。

（六）保护层、隔离层施工

1. 采用撒布材料保护层时，筛去粉料、杂质等，在涂刷最后一层涂料时，边涂边撒布，撒布均匀、不露底、不堆积。待涂膜干燥后，将多余的或黏结不牢的粒料清扫干净。

2. 采用浅色涂料保护层时，涂膜固化后进行，均匀涂刷，使保护层与防水层黏结牢固，不得损伤防水层。

3. 采用水泥砂浆、细石混凝土或板块保护层时，最后一遍涂层固化实干后，做淋水或蓄水检验。合格后，设置隔离层，隔离层可采用干铺塑料膜、土工布或卷材，也可铺抹低强度等级的砂浆。在隔离层上施工水泥砂浆、细石混凝土或板块保护层，厚度 20 毫米以上。操作时要轻推慢抹，防止损伤防水层。保护层的施工应符合第三章的相关规定。

（七）安全措施

1. 聚氨酯甲、乙组分及固化剂、稀释剂等均为易燃有毒物品，贮存时应放在通风干燥且远离火源的仓库内，施工现场严禁烟火。操作时应严加注意，防止中毒。

2. 施工人员应佩戴防护手套，防止聚氨酯材料沾污皮肤，一旦沾污皮肤，应及时用乙酸乙酯清洗。

三、聚合物乳液建筑防水涂膜

（一）工艺流程

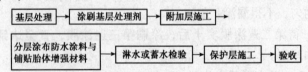

（二）操作要点（以二布六涂为例）

1. 基层处理将屋面基层清扫干净，不得有浮灰、杂物或油污，表面如有质量缺陷应进行修补。

2. 涂刷基层处理剂用软化水（或冷开水）按 1:1 比例（防水涂料：软化水）将涂料稀释，薄层用力涂刷基层，使涂料尽量涂进基层毛细孔中，不得漏涂。

3. 附加层施工檐沟、天沟、水落口、出入口、烟囱、出气孔、阴阳角等部位，应做一布三涂附加层，成膜厚度不少于 1 毫米，收头处用涂料或密封材料封严。

4. 分层涂布防水涂料与铺贴胎体增强材料

（1）刷第一遍涂料。要求表面均匀，涂刷不得过厚或堆积，不得露底或漏刷。涂布时先涂立面，后涂平面。涂刷时不能将气泡裹进涂层中，如遇起泡应立即用针刺消除。

（2）铺贴第一层胎体布，刷第二遍涂料。第一遍涂料经 2~4 小时，表干不粘手后即可铺贴第一层胎体布，同时刷第二遍涂料。涂料涂布应分条或按顺序进行。分条进行时，每条宽度应与胎体增强材料宽度一致，以免操作人员踩踏刚涂好的涂层。

（3）刷第三遍涂料。上遍涂料实干后（约 12~14 小时）即可涂刷第三遍涂料，要求及做法同涂刷第一遍涂料。

（4）刷第四遍涂料，同时铺第二层胎体布。上遍涂料表干后即可刷第四遍涂料，同时铺第二层胎体布。铺第二层胎体布时，上下层不得相互垂直铺设，搭接缝应错开，其间距不应小于幅宽的 1/3。具体做法同铺第一层胎体布方法。

（5）涂刷第五遍涂料。上遍涂料实干后，即可涂刷第五遍涂料，此时的涂层厚度应达到防水层的设计厚度。

（6）涂刷第六遍涂料。淋水或蓄水检验合格后，清扫屋面，待涂层干燥后再涂刷第六遍涂料。

（三）淋水或蓄水检验

第五遍涂料实干后，进行淋水或蓄水检验。条件允许时，有女儿墙的屋面蓄水检验方法是临时封闭水落口，然后用胶管向屋面注水，蓄水高度至泛水高度，时间不少于 24 小时。无女儿墙的屋面可做淋水试验，试验时间不少于 2 小时，如无渗漏，即认为合格，如发现渗漏，应及时修补。

（四）保护层施工

经蓄水试验合格后，涂膜干燥后按设计要求施工保护层。

（五）施工注意事项

1. 涂料涂布时，涂刷致密是保证质量的关键，涂刷基层处理剂时要用力薄涂，涂刷后续涂料时应按规定的涂膜厚度（控制材料用量）均匀、仔细地分层涂刷。各层涂层之间的涂刷方向相互垂直，涂层间的接槎，在涂刷时每遍应退槎 50~100 毫米，接槎时也应超过 50~100 毫米。

2. 涂刷防水层前，应进行涂层厚度控制试验，即根据设计要求的涂膜厚度确定每平方米涂料用量，确定每层涂层的厚度用量以及涂刷遍数。每层涂层厚度以 0.3~0.5 毫米为宜。

3. 在涂刷厚度及用量试验的同时，应测定每层涂层实干的间隔时间。防水涂料的干燥时间（表干和实干）因材料的种类、气候的干湿热程度等因素的不同而不同，必须根据实验确定。

4. 材料使用前应用机械搅拌均匀，如有少量结膜或结块时应过滤后使用。

5. 施工人员应穿软底鞋在屋面操作，严禁在防水层上堆积物料，要避免尖锐物碰撞。

第三节　涂膜防层质量标准

一、主控项目

1. 防水涂料和胎体增强材料必须符合设计要求。

检验方法：检查出厂合格证、质量检验报告和现场抽样复验报告。

2. 涂膜防水层不得有渗漏或积水现象。

检验方法：雨后或淋水、蓄水检验。

3. 涂膜防水层在天沟、檐沟、檐口、水落口、泛水、变形缝和伸出屋面管道的防水构造，必须符合设计要求。

检验方法：观察检查和检查隐蔽工程验收记录。

二、一般项目

1. 涂膜防水层的平均厚度应符合设计要求，最小厚度不应小于设计厚度的 80%。

检验方法：针测法或取样量测。

2. 涂膜防水层与基层应黏结牢固，表面平整，涂刷均匀，无流淌、皱褶、鼓泡、露胎体和翘边等缺陷。

检验方法：观察检查。

3. 涂膜防水层上的撒布材料或浅色涂料保护层应铺撒或涂刷均匀，黏结牢固；水泥砂浆、块材或细石混凝土保护层与涂膜防水层间应设置隔离层；刚性保护层的分格缝留置应符合设计要求。

检验方法：观察检查。

三、施工安全措施

1. 防水施工企业应当建立健全劳动安全生产教育培训制度，加强对职工安全生产的教育培训，未经安全生产教育培训的人员，不得上岗作业。

2. 防水工进入施工现场时，必须正确佩戴安全帽。安全帽规格必须符合 GB 2811—1989 标准。

3. 高处作业施工要遵守《建筑施工高处作业安全技术规范》（JGJ 80—91）。

4. 凡在坠落高度基准面 2 米以上，无法采取可靠防护措施的高处作业防水人员，必须正确使用安全带，安全带规格应符合 GB 6095—1985 标准。

5. 屋面防水施工使用的材料、工具等必须放置平稳，不得放置在屋面檐口、洞口或女儿墙上。

6. 遇有五级以上大风、雨雪天气，应停止施工，并对已施工的防水层采取措施加以保护。

7. 有机防水材料与辅料，应存放于专用库房内，库房内应干燥通风，严禁烟火。

8. 施工现场和配料场地应通风良好，操作人员应穿软底鞋、工作服，扎紧袖口，佩戴手套及鞋盖。

9. 涂刷基层处理剂和胶黏剂时，防水工应戴防毒口罩和防护眼睛，操作过程中不得用手直接揉擦皮肤。

10. 患有心脏病、高血压、癫痫或恐高症的病人及患有皮肤病、眼病或刺激过敏者，不得参加防水作业。施工过样中发生恶心、头晕、过敏等现象时，应停止作业。

11. 用热玛脂粘铺卷材时，浇油或铺毡人员应保持一定距离，壶嘴向下，不准对人，侧身操作，防止热油飞溅烫伤。浇油时，檐口下方不得有人行走或停留。

12. 使用液化气喷枪或汽油喷灯点火时，火嘴不准对人。汽油喷灯加油不能过满，打气不能过足。

13. 在坡度较大的屋面施工时，应穿防滑鞋，设置防滑梯，物料必须放置平稳。

14. 屋面防水施工应做到安全有序、文明施工、不损害公共利益。

15. 清理基层时应防止尘土飞扬。垃圾杂物应装袋运至地面，放在指定地点，严禁随意抛掷。

16. 施工现场禁止焚烧下脚料或废弃物，应集中处理。严禁防水材料混入土方回填。

17. 聚氨酯甲、乙组分及固化剂、稀释剂等均为易燃有毒物品，贮存时应放在通风干燥且远离火源的仓库内，施工现场严禁烟火。操作时应严加注意，防止中毒。

18. 屋面四周没有女儿墙和未搭设外脚手架时，屋面防水施工必须搭设好防护栏杆，高度大于 1.2 米，防护栏杆应牢固可靠。

第六章 刚性防水屋面

刚性防水屋面适用于防水等级为Ⅰ级、Ⅱ级、Ⅲ级的屋面防水，不适用于设有松散材料保温层以及受较大震动或冲击的坡度不大于15%的建筑屋面。刚性防水层包括普通细石混凝土防水层、补偿收缩细石混凝土防水层、钢纤维细石混凝土防水层。

第一节 施工要求与准备

一、一般规定

1. 补偿收缩混凝土的自由膨胀率应为 0.05% ~0.1% 。

2. 刚性防水屋面一般采用结构找坡，坡度为 2% ~3% 。

3. 刚性防水层的结构层宜为整体现浇混凝土。

4. 刚性防水层的结构层为装配式钢筋混凝土板时，应用强度等级不小于 C20 细石混凝土将板缝灌填密实，细石混凝土内宜掺微膨胀剂。当板缝宽度大于 40 毫米或上窄下宽时，应在板缝内设置构造钢筋，板端缝应进行密封处理。

5. 刚性防水层与山墙、女儿墙及突出屋面结构的交接处应留缝隙，并应做柔性密封处理。

6. 刚性防水层的强度不能低于 C20，厚度不应小于 40 毫米，并应配置直径为 4~6 毫米、间距为 100~200 毫米的双向钢筋网片。钢筋网片在分格缝处断开，其保护层厚度不小于 10 毫米。

7. 细石混凝土防水层内宜掺加减水剂、防水剂、膨胀剂等外加剂以及掺和料，应按配合比准确计量，钢纤维等材料，并应用机械拌和、机械振捣。

8. 刚性防水层内严禁埋设管线。

9. 穿越刚性防水层的管道、设备基础或预埋件，应在防水层施工前安装、调试完毕，并做好柔性密封处理。严禁在完工后的刚性防水层上凿孔开洞。

10. 刚性防水层应设置分格缝，分格缝内应嵌填密封材料。普通细石混凝土和补偿收缩混凝土防水层的分格缝，其纵横间距不应大于 6 米。

11. 防水层的分格缝应设在屋面板的支撑端、屋面转折处，防水层与突出屋面结构的交接处，并应与板缝对齐。

12. 细石混凝土防水层与基层间宜设置隔离层。

13. 刚性防水层施工环境气温宜为 5～35℃，并应避免在负温度或烈日暴晒下施工。

二、材料要求

1. 防水层的细石混凝土宜用普通硅酸盐水泥或硅酸盐水泥，不得使用火山灰质水泥；当采用矿渣硅酸盐水泥时，应采用减少泌水的措施。

2. 水泥贮存时应防止受潮，存放期不得超过 3 个月。当超过存放期限时，应重新检验确定水泥强度等级。受潮结块的水泥不得使用。

3. 防水层内配置的钢筋应采用冷拔低碳钢丝。

4. 防水层的细石混凝土中，粗骨料的最大粒径不宜大于：15 毫米，含泥量不应大于 1%；细骨料应采用中砂或粗砂，含泥量不大于 2%。

5. 拌和防水混凝土时采用无侵蚀性的洁净水。

6. 防水层细石混凝土使用的外加剂，应根据不同品种的适用范围、技术要求选择。其掺加量符合设计及有关要求，多种外加剂混合使用时，宜先试配后使用。外加剂应分类保管，不得混杂，并应存放于阴凉、通风、干燥处，运输应避免雨淋、日晒和受潮。

7. 宜选用与混凝土黏结性好的钢纤维，其直径宜为 0.3～

0.5 毫米，长度宜为 25 ~ 45 毫米，长径比宜为 50 ~ 80，掺量符合设计要求。钢纤维的种类见表 6 – 1。

表6 – 1 钢纤维混凝土的材料要求

类型编号	名称	生产工艺	截面形状	沿长度方向的形状
I	圆直钢纤维	用钢丝剪断生产	圆形	直
II	熔抽钢纤维	用熔抽法生产	月牙形	直
III	剪切钢纤维	用带钢或薄钢板剪切生产	矩形	平直
IV	异型钢纤维（带钩形、波形、凹凸形及骨棒形）	将圆直形或平直形的钢纤维经过特殊加工，使之两端带钩或产生其他类型的截面和形状变化	圆形、矩形或其他截面形状	波形、压痕、带钩等

8. 接缝密封时，采用背衬材料应能适应基层的膨胀和收缩，具有施工时不变形、复原率高和耐久性好等性能。背衬材料的品种有聚乙烯泡沫塑料棒、橡胶泡沫棒等。

9. 采用的密封材料应具有弹塑性、黏结性、施工性、耐候性、水密性、气密性和位移性。

10. 密封材料的贮运、保管应符合下列规定。

（1）密封材料的贮运、保管应避开火源、热源，避免日晒、雨淋，防止碰撞，保持包装完好无损。

（2）密封材料应分类贮放在通风、阴凉的室内，环境温度不应高于50℃。

11. 进场的改性石油沥青密封材料抽样复验应符合下列规定。

（1）同一规格、品种的材料应每2吨为一批，不足2吨者按一批进行抽样。

（2）改性石油沥青密封材料物理性能，应检验耐热度、低温柔性、拉伸黏结性和施工度。

12. 进场的合成高分子密封材料抽样复验应符合下列规定。

（1）同一规格、品种的材料应每 1 吨一批，不足 1 吨者按一批进行抽样。

（2）合成高分子密封材料物理性能，应检验拉伸模量、定伸黏结性和断裂伸长率。

三、施工准备

（一）技术准备

1. 根据施工方案，做好技术交底。

2. 材料已经检验，根据设计要求由实验室试配并确定混凝土配合比。

3. 根据设计及试验确定添加剂的掺加量。

（二）材料准备

工程使用的水泥，粗、细集料，水，添加剂，密封嵌缝材料有合格证，已按进度计划数量进场，全部材料符合质量要求，需复测送检的材料已有复测检测报告。

（三）施工机具准备

1. 混凝土防水层施工所需机具见表 6 - 2。

表 6 - 2　混凝土防水层需用施工机具

机具名称	用　途
混凝土搅拌机	搅拌混凝土
磅秤	混凝土配合比称量
垂直运输设备	运送混凝土
水平运输设备	运送混凝土
平板振动器	混凝土防水层表面振捣
滚子或振动滚杠	混凝土压实、整平

（续表）

机具名称	用　途
抹光机	混凝土抹光
铁抹子	混凝土二次抹压
钢筋切断和弯钩工具	钢筋网片制作、绑扎
分格缝木条和边模	分格缝及边模支模
铁锹	混凝土下料、摊平

2. 嵌填密封材料常用的施工机具，应根据密封材料的种类、施工方法选用，可参考表 6 - 3。

（四）作业条件准备

施工现场条件符合防水作业要求，屋面上各种预埋件、支座、伸出屋面管道、水落口等设施已安装就位。屋面找平层已检查验收合格，含水率符合要求。材料垂直运输满足使用要求。消防劳保条件具备，气候符合作业要求。

表 6 - 3　嵌填密封材料的施工机具

机具名称	用　途
钢丝刷、平铲、扫帚、毛刷、吹风机	清理接缝部位基层用
棕毛刷、容器桶	涂刷基层处理剂
铁锅、铁桶或塑化炉	加热塑化密封材料
刮刀、腻子刀	嵌填密封材料
鸭嘴壶、灌缝车	嵌填密封材料
手动或电动挤出枪	嵌填密封材料
搅拌筒、电动搅拌器	搅拌多组分密封材料
磅秤、台秤	配制时计量用

第二节　细石混凝土防水层

混凝土防水层可分为普通细石混凝土防水层、补偿收缩混凝土防水层和钢纤维混凝土防水层几种，现以普通细石混凝土防水层施工为例，简要介绍如下。

一、工艺流程

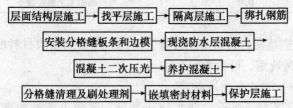

二、操作要点

1. 屋面结构层施工（略）。

2. 找平层施工当结构层为装配式混凝土板时，应对板缝进行处理。找平层的施工要点应符合第三章的有关规定。

3. 隔离层施工在找平层上干铺塑料膜、土工布或卷材做隔离层，也可铺抹低强度等级砂浆做隔离层。

4. 绑扎钢筋采用直径为 4～6 毫米的低碳钢筋，纵横间距为 100～200 毫米，绑扎成钢筋网片，网片应处于普通细混凝土防水层的中部，钢筋网片在分格缝处应断开。施工中钢筋下宜放置 15～20 毫米厚的水泥或塑料垫块。

5. 现浇防水层混凝土

（1）混凝土水灰比不应大于 0.55，每立方米混凝土的水泥和掺和料用量不应小于 330 千克/立方米，砂率宜为 35%～40%，灰砂比宜为（1∶2）～（1∶2.5）。

（2）拌制混凝土。根据混凝土配合比投料搅拌。先投料干拌 0.5～1 分钟再加水，水分 3 次加入，加入水后搅拌 1～2 分钟。散装水泥、砂、石投料前过磅，在雨季，必须每天测定含水率，调整水的用量。现场搅拌坍落度控制在 6~8 厘米，泵送商品混凝土坍落度控制在 14~16 厘米。

（3）运输。混凝土运输应保持连续性，间隔时间不超过 1.5 小时，应防止漏浆和离析。在夏季或运输距离长时，适当加入缓凝剂。浇筑前如出现离析，进行二次拌和。

（4）混凝土浇筑。连续浇筑，界格内不得留施工缝，摊平振捣抹压。

6. 混凝土二次压光收水后进行二次压光。

7. 混凝土养护屋面防水混凝土的养护一般采用自然养护法，即在自然条件下，采取浇水湿润或防风、保温等措施养护。露天养护时，为保持一定的湿度，需在混凝土表面覆盖草垫等遮盖物，并定期浇水（覆盖塑料薄膜除外），浇水次数参见表 6-4。养护天数不少于 14 天，养护初期严禁上人踩踏。

表 6-4　露天自然养护浇水次数

气温（℃）	10		20		30		40	
浇水次数	2	3	4	6	6	9	8	12
	阴影	日照	阴影	日照	阴影	日照	阴影	日照

注：1. 气温指当日中午的标准气温；

　　2. 此表只作为计算用水量的参考

安装分割缝板条和模板。细石混凝土防水层分割缝应设置在屋面板的支撑端、屋面转折处、防水层与突出屋面结构的交接处，其纵横间距不大于 6 米。分格缝纵横对齐，分割缝截面一般为上宽下窄呈倒梯形，对于混凝土和钢筋混凝土防水，上口宽 30 毫米，下口宽 20 毫米。分格缝板条可采用刨光的木板条、塑料板条或金属板条。分格板条安装位置应正确，固定应牢，起条时不得损坏分格缝处的混凝土。某些情况下可用模板代替分格板条。当采用切割法施工分格缝时，切割深度宜为防水混凝土层厚度的 3/4。

8. 分格缝清理及刷处理剂分格缝表面应平整、密实，不得有蜂窝、麻面、起皮和起砂现象。密封前的基层应干净、干燥，涂刷与密封材料相匹配的基层处理剂。

9. 嵌填密封材料分格缝的底部填放背衬材料，上部用密封材料密封。密封材料嵌填完成后不得碰损及污染，固化前不得踩踏。

10. 保护层施工分格缝密封材料上应设置宽度不小于 200 毫米的卷材保护层。

三、补偿收缩混凝土防水层

1. 补偿收缩混凝土除增加添加剂工序外，其他工序按普通细石混凝土防水层施工。

2. 用膨胀剂拌制补偿收缩混凝土时，应按配合比准确计量；搅拌投料时膨胀剂应与水泥同时加入，混凝土搅拌时间不应少于 3 分钟。

3. 每个分格板块的混凝土应一次浇筑完成，不得留施工缝；抹压时不得在表面洒水、加水泥或撒干水泥，混凝土收水后应进行二次压光。

4. 补偿收缩混凝土浇筑后应及时进行养护，养护时间不宜少于 14 天；养护初期屋面不得上人。

四、钢纤维混凝土防水层

1. 钢纤维混凝土的施工除增加钢纤维外，其他工序按普通细石混凝土防水层施工。

2. 钢纤维混凝土的水灰比宜为 0.45 ~ 0.50；砂率宜为 40% ~ 50%；每立方米混凝土的水泥和掺和料用量定为 360 ~ 400 千克，混凝土中的钢纤维体积为 0.8% ~ 1.2%。

3. 钢纤维混凝土宜采用普通硅酸盐水泥或硅酸盐水泥。粗骨料的最大粒径宜为 15 毫米，且不大于钢纤维长度的 2/3；细骨料宜采用中粗砂。

4. 钢纤维的长度宜为 25 ~ 50 毫米，直径宜为 0.3 ~ 0.8 毫米，长径比宜为 40 ~ 100。钢纤维表面不得有油污或其他妨碍钢纤维与水泥浆黏结的杂质，钢纤维内的粘连团片、表面锈蚀及杂质等不应超过钢纤维质量的 1%。

5. 纤维混凝土的配合比应经试验确定，其称量偏差不得超过以下规定：钢纤维 ±2%；水泥或掺和料 ±2%；粗、细骨料 ±3%；水 ±2%；外加剂 ±2%。

6. 钢纤维混凝土宜采用强制式搅拌机搅拌，当钢纤维体积率较高或拌和物稠度较大时，一次搅拌量不宜大于额定搅拌量的 80%。搅拌时宜先将钢纤维、水泥、粗细骨料干拌 1.5 分钟，再加入水湿拌，也可采用在混合料拌和过程中加入钢纤维拌和的方法。搅拌时间应比普通混凝土延长 1 ~ 2 分钟。

7. 钢纤维混凝土拌和物应拌和均匀，颜色一致，不得有离析、泌水、钢纤维结团现象。

8. 钢纤维混凝土拌和物，从搅拌机卸出到浇筑完毕的时间不宜超过 30 分钟；运输过程中应避免拌和物离析，如产生离析或坍落度损失，可加入原水灰比的水泥浆进行二次搅拌，严禁直接加水搅拌。

9. 浇筑钢纤维混凝土时，应保证钢纤维分布的均匀性和连续性，并用机械振捣密实。每个分格板块的混凝土应一次浇筑完成，不得留施工缝。

10. 钢纤维混凝土振捣后，应先将混凝土表面抹平，待收水后再进行二次压光，混凝土表面不得有钢纤维露出。

11. 钢纤维混凝土防水层应设分格缝，其纵横间距不宜大于 10 米，分格缝内应用密封材料嵌填密实。

12. 钢纤维混凝土防水层的养护时间不宜少于 14 天；养护初期屋面不得上人。

第三节 细石混凝土防水施工质量标准

一、主控项目

1. 细石混凝土的原材料及配合比必须符合设计要求。

检验方法：检查出厂合格证、质量检验报告、计量措施和现场抽样复验报告。

2. 细石混凝土防水层不得有渗漏或积水现象。

检验方法：雨后或淋水、蓄水检验。

3. 细石混凝土防水层在天沟、檐沟、檐口、水落口、泛水、变形缝和伸出屋面管道的防水构造，必须符合设计要求。

检验方法：观察检查和检查隐蔽工程验收记录。

二、一般项目

1. 细石混凝土防水层应表面平整、压实抹光，不得有裂缝、起壳、起砂等缺陷。

检验方法：观察检查。

2. 细石混凝土防水层的厚度和钢筋位置应符合设计要求。

检验方法：观察和尺量检查。

3. 细石混凝土分格缝的位置和间距应符合设计要求。

检验方法：观察和尺量检查。

4. 细石混凝土防水层表面平整度的允许偏差为 5 毫米。

检验方法：用 2 米靠尺和模型塞尺检查。

三、密封材料嵌缝质量标准

（一）主控项目

1. 密封材料的质量必须符合设计要求。

检验方法：检查产品出厂合格证、配合比和现场抽样复验报告。

2. 密封材料嵌填必须密实、连续、饱满，黏结牢固，无气泡、开裂、脱落等缺陷。

检验方法：观察检查。

（二）一般项目

1. 嵌填密封材料的基层应牢固、干净、干燥，表面应平整、密实。

检验方法：观察检查。

2. 密封防水接缝宽度的允许偏差为 ±10%，接缝深度为宽度的0.5~0.7倍。

检验方法：尽量检查。

3. 嵌填的密封材料表面应平滑，缝边应顺直，无凹凸不平现象。

检验方法：观察检查。

第七章 建筑工程厕浴间防水

第一节 厕浴施工要求

一、厕浴间防水等级与材料选用

厕浴间防水设计应根据建筑类型、使用要求划分防水类别，并按不同类别确定设防层次与选用合适的防水材料。

二、厕浴间防水构造要求

（一）一般规定

1. 厕浴间一般采取迎水面防水。地面防水层设在结构找坡、找平层上面并延伸至四周墙面边角，至少需高出地面 150 毫米以上。

2. 地面及墙面找平层应采用（1：2.5）~（1：3）水泥砂浆，水泥砂浆中宜掺外加剂，或地面找坡、找平采用 C20 细石混凝土一次压实、抹平、抹光。

3. 地面防水层宜采用涂膜防水材料，根据工程性质及使用标准选用高、中、低档防水材料。卫生间采用涂膜防水时，一般应将防水层布置在结构层与地面面层之间，以便使防水层受到保护。

4. 凡有防水要求的房间地面，如面积超过两个开间，在板支承端处的找平层和刚性防水层上，均应设置宽为 10~20 毫米的分格缝，并嵌填密封材料。地面宜采取刚性材料和柔性材料复合防水的做法。

5. 厕浴间的墙裙可贴瓷砖，高度不低于 1 500 毫米；上部可做涂膜防水层，或满贴瓷砖。

6. 厕浴间的地面标高，应低于门外地面标高不少于 20 毫米。

7. 墙面的防水层应由顶板底做至地面，地面为刚性防水层时，应在地面与墙面交接处预留 10 毫米×10 毫米凹槽，嵌填防水密封材料。地面柔性防水层应覆盖墙面防水层 150 毫米。

8. 对洁具、器具等设备以及门框、预埋件等沿墙周边交界处，均应采用高性能的密封材料密封。

9. 穿出地面的管道，其预留孔洞应采用细石混凝土填塞，管根四周应设凹槽，并用密封材料封严，且应与地面防水层相连接。

（二）防水工程设计技术要求

1. 设计原则

（1）以排为主，以防为辅；

（2）防水层须做在楼地面面层下面；

（3）厕浴间地面标高，应低于门外地面标高，地漏标高应再偏低。

2. 防水材料的选择

设计人员根据工程性质选择不同档次的防水涂料。

（1）高档防水涂料：双组分聚氨酯防水涂料。

（2）中档防水涂料：氯丁胶乳沥青防水涂料、丁苯胶乳防水涂料。

（3）低档防水涂料：APP、SBS 橡胶改性沥青基防水涂料。

3. 排水坡度确定

（1）厕浴同的地面应有 1%~2% 的坡度（高级工程可以为 1%），坡向地漏。地漏处排水坡度，以地漏边向外 50 毫米排水坡度为 3%~5%。厕浴间设有浴盆时，盆下地面坡向地漏的排水坡度也为 3%~5%。

（2）地漏标高应根据门口至地漏的坡度确定，必要时设门槛。

（3）餐厅的厨房可设排水沟，其坡度不得少于3%。排水沟的防水层应与地面防水层相连接。

4. 防水层要求

（1）原则做在楼地面面层以下，四周应高出地面250毫米。

（2）小管须做套管，高出地面20毫米。管根防水用建筑密封膏进行密封处理。

（3）下水管为直管，管根处高出地面。根据管位设置防水台，一般高出地面10~20毫米。

（4）防水层做完后，再做地面。一般做水泥砂浆地面或贴地面砖等。

5. 墙面与顶棚防水

墙面和顶棚应做防水处理，并做好墙面与地面交接处的防水。墙面与顶棚饰面防水材料及颜色由设计人员选定。

6. 电气防水

（1）电气管线须走暗管敷线，接口须封严。电气开关、插座及灯具须采取防水措施。

（2）电气设施定位应避开直接用水的范围，保证安全。电气安装、维修由专业电工操作。

7. 设备防水

设备管线明、暗管兼有。一般设计明管要求接口严密，节门开关灵活，无漏水。暗管设有管道间，便于维修，使用方便。

8. 装修防水

装修防水要求装修材料耐水。面砖的黏结剂除强度、黏结力好，还要具有耐水性。

9. 涂膜防水层的厚度

（1）低档防水涂膜厚度要求3毫米；

（2）中档防水涂膜厚度要求2毫米；

（3）高档防水涂膜厚度要求1.2毫米。

第二节　防水施工

一、立管根部防水施工

立管根部防水构造如图 7 - 1 所示。立管定位后，楼板与立管之间的空隙应用 1 : 3 防水砂浆堵严，如缝隙大于 20 毫米时可用 1 = 2 : 4 细石混凝土堵严，管根周围宜形成 15 毫米 × 15 毫米凹槽。将立管周围的凹槽清理干净，并在干燥状态下，用建筑密封材料刮压严密、饱满、无气孔，与管根周围混凝土黏结牢固。刮压密封材料前应先涂刷基层处理剂。清除管道外壁 200 毫米高范围内的杂质、油垢、灰浆，涂刷基层处理剂，并按设计要求涂刮防水涂料。

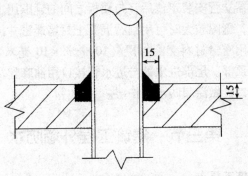

图 7 - 1　立管防水图

二、地漏防水施工

地漏处防水构造如图 7 - 2。地漏处立管定位后，楼板周围的缝隙用 1 : 3 防水水泥砂浆堵严密，缝隙较大于 20 毫米时用 1 : 2 : 4 细石混凝土封堵。基层应向地漏处找出 2% 的排水坡度，以保证地面水向地漏处汇集。大于 2% 的坡度时，应用 1 : 6 水泥焦渣垫层。地漏上口周围 10 毫米 × 15 毫米，用密封材料封严，上面再做涂膜防水层。地漏篦子安装于面层，周围 50 毫米范围内找坡 5%。

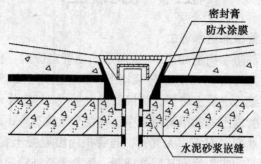

图 7 - 2 地漏防水图

三、大便蹲坑防水

蹲便器立管安装定位后，与楼板之间的缝隙用水泥防水砂浆堵塞严密，缝隙较大时可用细石混凝土封堵严密并抹平。立管接口处四周用密封材料交圈封严（10 毫米 × 10 毫米），上面防水层做至管顶部。尾部进水处与进水管接口用油麻丝及水泥砂浆封严密，外口再做涂膜防水保护层。

第三节　建筑工程外墙防水

一、施工要求

外墙渗漏水属于建筑物的四漏之一，必须引起重视，在外墙防水设计与施工中应严格按标准要求进行。另外，我国在 20 世纪 70 年代大量应用框架轻板建筑和大板体系，目前渗漏水严重，这些体系大部分采用空腔防水和构造防水而没有采用密封材料防水是产生渗漏的主要原因之一。外墙渗漏水不但影响了建筑物的使用寿命和安全，而且直接影响了室内的装饰效果，造成涂料起皮、壁纸变色、室内物质发霉等危害。我国南方地区东西山墙渗漏水严重，特别是顶层外墙渗漏水更加严重，因此在这些地区和部位必须加强外墙防水设计和精心施工。

二、外墙防水施工

建筑物外墙防水工程的施工，一般可分为外墙墙面涂刷保护性防水涂料防水施工和外墙拼接缝密封防水施工两类。

第一种防水工程的施工的做法，外墙砂浆要抹干压实，施工7天后再连续喷涂有机硅防水剂等外墙防水涂料两遍。如贴外墙瓷砖，则要密实平整，最好选用专用的瓷砖胶黏剂。瓷砖或清水墙均应喷涂有机硅防水涂料。

第二种防水工程的施工的做法，如采用密封材料，则应在缝中衬垫闭孔聚乙烯泡沫条，或在缝中贴不粘纸，来防止三面黏结而破坏密封材料。

外墙防水施工宜采用脚手架、双人吊篮或单人吊篮，以确保防水施工质量和施工人员的人身安全。

三、外墙面涂刷保护性防水涂料

一般建筑物的砖砌墙、水泥板墙、大理石饰面、瓷砖饰面、天然石材，古建筑的红黄粉墙、雕塑或碑刻等外露基面，由于长年经受雨水冲刷，会产生腐蚀性风化斑迹、长出青苔、渗水、花斑、龟裂、剥落等现象。如采用有机硅防水剂等外墙防水涂料对外墙面进行喷刷，其墙面在保持墙体原有透气性的情况下，则能在一定时期内有效地防止上述现象的发生。喷刷有机硅防水剂等外墙防水涂料的施工方法如下。

（一）清理基层

施工前，应将基面的浮灰、污垢、苔斑、尘土等杂物清扫干净。遇有孔、洞和裂缝须用水泥砂浆填实或用密封膏嵌实封严。待基层彻底干燥后，才能喷刷施工。

（二）配制涂料

将涂料和水按1：（10~15）（质量比）的比例称量后盛于容器中，充分搅拌均匀后即可喷涂施工。

（三）喷刷施工

将配制稀释后的涂料用喷雾器（或滚刷、油漆刷）直接喷涂（或涂刷）在干燥的墙面或其他需要防水的基面上。先从施工面的最下端开始，沿水平方向从左至右或从右至左（视风向而定）运行喷刷工具，随即形成横向施工涂层，这样逐渐喷刷至最上端，完成第一次涂布。也可先喷刷最下端一段，再沿水平方向由上而下地分段进行喷刷，逐渐涂布至最下端一段与之相衔接。每一施工基面应连续重复喷刷两遍。

第一遍沿水平方向运行喷刷工具，形成横向施工涂层，在第一遍涂层还没有固化时，紧接着进行垂直方向的第二遍喷刷。

第二遍沿垂直方向的喷刷方法是视风向从基面左端（或右端）开始从上至下或从下至上运行喷刷工具，形成竖向涂层，逐渐移向右端（或左端），直至完成第二次喷刷。

瓷砖或大理石等饰面的喷涂重点是砖间接缝。因接缝呈凹条型，和饰面不处在同一个平面上，可先用刷子紧贴纵、横向接缝，上下左右往复涂刷一遍，再用喷雾器对整个饰面满涂

（四）施工注意事项

1. 严格按 1：（10～15）的配合比（质量比）将涂料和水稀释。水量过多，防水会失效。

2. 施工时，涂料应现用现配，用多少配多少，稀释液宜当天用完。

3. 对墙面腰线、阳台、檐口、窗台等凹凸节点应仔细反复喷涂，不得有遗漏，以免雨水在节点部位滞留而失去防水作用，向室内渗漏。

4. 施工后 24 小时内不得经受雨水侵袭，否则将影响使用效果，必要时应重新喷涂。

四、外墙拼接缝密封防水

外墙密封防水施工的部位有金属幕墙、PC 幕墙、各种外装板、玻璃周边接缝、金属制隔扇、压顶木、混凝土墙等。

（一）外墙基层处理

基层上出现的有碍黏结的因素及处理办法，见表7-1。

表7-1 外墙防水基层处理

项次	部位	可能出现的不利因素	处理方法
1	金属幕墙	1. 锈蚀	（1）钢针除锈枪处理； （2）锉、金属刷或沙子
		2. 油渍	用有机溶剂溶解后再用白布揩净
		3. 涂料	（1）用小刀刮除； （2）用不影响黏结的溶剂溶解后再用白布揩净
		4. 水分	用白布揩净
		5. 尘埃	用甲苯清洗后用白布揩净
2	PC幕墙	1. 表面黏着物	用有关有机溶剂清洗
		2. 浮渣	用锤子、刷子等清除
3	各种外装板	1. 浮渣、浮浆 2. 强度比较弱的地方	处理方法同PC幕墙部分敲除、重新补上
4	玻璃周边接缝	油渍	用甲苯清洗后用白布揩净
5	金属制隔扇	同金属幕墙	
6	压顶木	1. 腐烂了的木质 2. 沾有油渍	进行清除 把油渍刨掉
7	混凝土墙		同屋面部位的混凝土处理方法一致

（二）防污条、防污纸粘贴

防污条、防污纸的粘贴是为了防止密封材料污染外墙，影响美观。外墙对美观程度要求高，因此，在施工时应粘贴好防污条和防污纸，同时也不能使防污条上的黏胶浸入到密封膏中去。

（三）底涂料的施工

底涂料起着承上启下的作用，使界面与密封材料之间的黏结强度提高，因此应认真地涂刷底涂料。底涂料的施工环境如下：

1. 施工温度不能太高，以免有机溶剂在施工前就挥发完了。

2. 施工界面的湿度不能太大，以免黏结困难。

3. 界面表面不应结露。

（四）嵌填密封材料

确定底涂料已经干燥，但未超过 24 小时时便可开始嵌填密封材料。充填时，金属幕墙、PC 幕墙、各种外装板、混凝土墙应从纵横缝交叉处开始，施工时，枪嘴应从接缝底部开始，在外力作用下先让接缝材料充满枪嘴部位的接缝，逐步向后退，每次退的时候都不能让枪嘴露出在密封材料外面，以免气泡混入其中。玻璃周边接缝从角部开始分两步施工：第一步使界面和玻璃周边相黏结，此次施工时，密封材料厚度要薄，且均匀一致；第二步将玻璃与界面之间的接缝密封，一般来说，此次施工成三角形，密封材料表面要光滑，不应对玻璃和界面造成污染，便于随后的装饰。压顶木的接缝施工应从顶部开始，施工要点如前所述。

五、外墙防水工程养护

（一）定期检查

对墙体要定期检查。着重检查容易发生渗漏的部位，如墙面凸凹槽（线）、饰面上部收头处、块料面层、门窗、雨篷、阳台与墙体交接处等部位。检查时可用直接观察和用小锤敲击来初步判断损坏部位及损坏程度。

（二）建立技术档案

对墙体使用情况、病害等在检查后应加以记录，对墙体维修也应作详细记录，作为技术档案保存。

（三）合理施工

不要随意在墙体上钉钉子、打洞、装设广告牌等，以免因敲击、振动和荷载过重引起墙体和饰面的破损。如必须进行对墙体打洞等施工，应由专业人员制定合理施工方案，才能施工。

（四）及时修复

发现墙体有损坏，对非结构性破损，应及时修复。对结构性墙体开裂，应请专业人员查明原因，制定维修方案后进行修缮。

（五）定期清洗

对墙面应定期清洗，清洗墙面时，不能用强酸、强碱刷洗，以免使饰面和灰缝因腐蚀而损坏。

第四节　墙体渗漏维修

墙体的渗漏，不但影响房屋的外观和使用，还会削弱墙体的结构强度，严重时可能出现坍塌，因此必须重视墙体渗漏的维修。

一、砖砌墙体维修

（一）外墙面裂缝渗漏维修

1. 维修前应对墙面的粉刷装饰层进行检查、修补和清理。墙面粉刷装饰层起壳、剥落和酥松等部分应凿除重新修补，墙面修补、清理后应坚实、平整，无浮渣、积垢和油渍。

2. 小于 0.5 毫米的裂缝，可直接在外墙面喷涂无色或与墙面相似色的防水剂或合成高分子防水涂料两遍，其宽度应大于或等于 300 毫米，涂膜厚度不应小于 2 毫米。

3. 大于 0.5 毫米且小于 3 毫米的裂缝，应清除缝内浮灰、杂物，嵌填无色或与外墙面相似色密封材料后，喷涂两遍防水剂。

4. 大于 3 毫米的裂缝，宜凿缝处理，缝内的浮渣和灰尘等杂物应清除干净，分层嵌填密封材料，将缝密封严实后，面上喷涂两遍防水剂。

（二）墙体变形缝渗漏维修

1. 原采用弹性材料嵌缝的变形缝，应清除缝内已失效的嵌缝材料及浮灰、杂物，缝壁干燥后设置背衬材料，分层嵌填密封材料。密封材料与缝壁应粘牢封严（图7－3）。

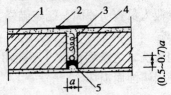

1. 砖砌体；2. 室内盖缝板；3. 填充材料；

4. 背衬材料；5. 密封材料

图7－3　变形缝渗漏维修

2. 原采用金属折板盖缝的变形缝，应更换已锈蚀损坏的金属折板，折板应顺水流方向搭接，搭接长度不应小于40毫米。金属折板应做好防锈处理后锚固在砖墙上，螺钉眼宜用与金属折板颜色相近的密封材料嵌填、密封。

（三）分格缝渗漏维修

外粉刷分格缝渗漏维修，应清除缝内的浮灰、杂物，满涂基层处理剂，干燥后，嵌填密封材料。密封材料与缝壁应粘牢封严，表面刮平。

（四）穿墙管根部渗漏维修

穿墙管道根部渗漏维修，应用 C20 细石混凝土或 1∶2 水泥砂浆固定穿墙管的位置，穿墙管与外墙面交接处应设置背衬材料，分层嵌填密封材料（图7－4）。

（五）门窗框与墙体连接处缝隙渗水维修

门窗框与墙体连接处缝隙渗漏维修，应沿缝隙凿缝并用密封材料嵌缝，在窗框周围的外墙面上喷涂两遍防水剂

（图 7 - 5）。

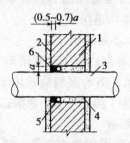

1. 砖墙；2. 外墙面；3. 穿墙管；4. 细石混凝土或水泥砂浆；

5. 背衬材料；6. 密封材料

图 7 - 4 穿墙管道根部渗漏维修

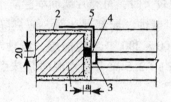

1. 砖墙；2. 外墙面；3. 门窗框；

4. 密封材料；5. 防水剂

图 7 - 5 门窗框与墙体连接处缝隙渗漏维修

（六）阳台、雨篷根部墙体渗漏维修

1. 阳台、雨篷倒泛水，应在结构允许条件下，可凿除原有找平层，用细石混凝土或水泥砂浆重做找平层，调整排水坡度。

2. 阳台、雨篷的滴水线（滴水槽）损坏，应重做或修补，其深度和宽度均不应小于 10 毫米，并整齐一致。

3. 阳台、雨篷与墙面交接处裂缝渗漏，应在板与墙连接处沿上、下板面及侧立面的墙上剔凿成 20 毫米×20 毫米沟槽，清理干净，嵌填密封材料，压实刮平。

（七）女儿墙外侧墙面渗漏维修

女儿墙根部水平贯通的裂缝，应先在女儿墙与屋面连接阴角处剔凿出宽度 20～40 毫米、深度不应小于 30 毫米的阴角缝，清除缝内浮灰、杂物，按维修墙面裂缝要求进行。必要时亦可拆除、重砌女儿墙并恢复构造防水。

（八）墙面大面积渗漏维修

1. 清水墙面灰缝渗漏，应剔除并清理渗漏部位的灰缝，剔除深度为 15～20 毫米，浇水湿润后，用聚合物水泥砂浆勾缝，勾缝应密实，不留孔隙，接槎平整，渗漏部位外墙应喷涂无色或与墙面相似色防水剂两遍。

2. 当墙面（或饰面层）坚实完好，防水层起皮、脱落、粉化时，应清除墙面污垢、浮灰，用水冲刷，干燥后，在损坏部位及其周围 150 毫米范围喷涂无色或与墙面相似色防水剂或防水涂料两遍。损坏面积较大时，可整片墙面喷涂防水涂料。

3. 面层风化、碱蚀、局部损坏时，应剔除风化、碱蚀、损坏部分及其周围 100～200 毫米的面层，清理干净，浇水湿润，刷基层处理剂，用 1∶2.5 聚合物水泥砂浆抹面层两遍，粉刷层应平整、牢固。

第八章　安全施工

第一节　施工现场安全技术措施

一、一般规定

1. 新进场的操作工人，要进行公司、项目及班组三级安全培训教育。防水施工队进入现场要进行进场安全教育。

2. 施工操作人员应进行健康检查，患有癫痫、精神病、高血压及其他妨碍工作的疾病者不得进入现场操作。

3. 按有关规定给施工人员配给劳动安全防护用品并合理使用。进入现场应穿戴好工作服、手套及胶布平底鞋，并将裤脚、袖口扎紧，手不得直接接触沥青。

4. 进入现场必须戴安全帽、系安全带。

5. 操作时应注意风向，防止下风操作人员中毒、受伤，室内施工时应注意通风。

6. 做好季节施工安全施工。夏期施工要做好防暑降温工作，配备必要的药品和器材，雷雨季节应有防雨设施，冬期施工应扫净脚手架上的霜雪。

7. 运输线路应畅通，各项运输设施要牢固可靠，屋面洞口及檐口应有安全措施。

8. 存放化学防水材料的仓库，应由专人管理，严格收材料制度。使用化学类防水材料完毕后及时洗手洗澡。

9. 高空作业操作人员不得过分集中，必要时应系安全带。

10. 现场一切防护设施，未经现场负责人同意不得拆除、松动和移位。

二、设备及用电规定

1. 防水施工时，如要利用外脚手架的，应对外脚手架全面检查，符合要求后方可使用。如要利用脚手架做垂直攀登时，应直接通至屋面。如使用梯子登高或下坑，梯子应用坚固材料制成，一般应与固定物件牢固连接。若为移动式梯子，应有防滑措施，使用时应有专人监护，并不得提拎重物攀登梯子和脚手架。

2. 卷扬机应由专人操作，操作人员应有上岗证。

3. "井"字架应有安全停靠装置、断绳保护装置、上极限位装置、紧急断电装置和信号装置。停靠处应有防护栏杆，吊篮要有安全门，上料口应有防护棚。

4. 使用的机械和电气设备，应经检验合格方准使用。机械及电气设备应有专用的配电箱，箱内应有断路装置、漏电保护装置。机械设备应安全接地。机械使用完毕应切断电源，锁好配电箱。

5. 工作场所如有电线通过，应切断电源后再进行防水施工。工作照明应使用36伏安全电压。

第二节　卷材屋面防水施工安全措施

一、一般规定

1. 对有皮肤病、眼病、刺激过敏等患者，不宜参加操作。施工过程中，如发生恶心、头晕、刺激过敏等情况时，应立即停止操作。

2. 沥青操作人员不得赤脚、穿短裤和短袖衣服进行操作，裤脚、袖口应扎紧，并应佩戴手套和护脚。

3. 操作时应注意风向，防止下风方向作业人员中毒或烫伤。

4. 存放卷材和黏结剂的仓库或现场要严禁烟火。如需用明火，必须有防火措施，且应设置一定数量的灭火器材和沙袋。

5. 高处作业人员不得过分集中，必要时应系安全带。

6. 屋面周圈应设防护栏杆；屋面上的孔洞应加盖封严，或者在孔洞周边设置防护栏杆，并加设水平安全网。

7. 雨、霜、雪天，必须待屋面干燥后，方可继续进行工作。刮大风时应停止作业。

二、沥青锅的设置

1. 沥青锅设置地点，应选择便于操作和运输的平坦场地，并应处于工地的下风向，以防发生火灾并减少沥青油烟对施工环境的污染。

2. 沥青锅距建筑物和易燃物应在 25 米以上，距离电线在 10 米以上，周围严禁堆放易燃物品。若设置两个沥青锅，则其间距不得小于 3 米。

3. 沥青锅不得搭设在煤气管道及电缆管道上方，防止因高温引起煤气管道爆炸和电缆管道受损。如必须搭设，应距离 5 米以外。

4. 沥青锅应制作坚固，防止四周漏缝，以免油火接触，发生火灾，并应设置烟囱，以便沥青的烟气能顺利从烟囱内导出。

5. 沥青锅烧火口处，必须砌筑 1 米高的防火墙，锅边应高出地面 300 毫米以上。

三、熬油安全措施

1. 熬制沥青锅应距建筑物 10 米以上，距易燃仓库 25 米以上，锅灶上空不得有电线，地下 5 米以内不得有电缆线，锅灶应设在下风向。沥青锅附近严禁堆放易燃、易爆品，临时堆放沥青、燃料场地距锅不应小于 5 米。

2. 熬油锅四周不得有漏缝，锅口应高出地面 30 厘米以上，沥青锅烧火处应有 0.5～1.0 米高的隔火墙。每组沥青锅间距不得小于 3 米（相邻两锅为一组），上部宜设置可升降的吸烟罩。

3. 装入锅内的沥青不应超过锅容量的 2/3，以防溢出锅外，发生火灾和伤人。

4. 锅灶附近应备有锅盖、灭火器、干沙、石灰渣、铁锹、铁板等灭火器材。

5. 加热桶装沥青时应先将桶盖打开，横卧桶口朝下，缓慢加热，严禁不开盖加热，以免发生爆炸事故。

6. 熬制沥青应缓慢升温，严格控制温度，防止着火。

7. 调制冷底子油应严格控制沥青温度，当加入快挥发性溶剂时，不得高于110℃。

8. 配制使用、贮存沥青冷底子及稀释剂等易燃物的现场，严禁烟火并保持良好通风。

四、运送热沥青安全措施

1. 运油的铁桶、油壶要用咬口接头，严禁用锡进行焊接，桶宜加盖，装油量不得超过桶高的2/3，油桶应平放，不得两人抬运。

2. 运输机械和工具应牢固可靠，用滑轮吊运时，上面的操作平台应设置防护栏杆，提升时要拉牵绳，防止油桶摆动，油桶下方10米半径范围内禁止站人。

3. 在坡度较大的屋面运油时，应采取专门的安全措施（如穿防滑鞋、设防滑梯等），油桶下面应加垫，保证油桶放置平稳。

五、沥青灭火措施

1. 锅灶附近应备有防火设备，如铁锅盖、灭火机、干沙、铁锹、铁板等。

2. 发生沥青锅内着火应立即用铁锅盖盖住锅灶，切断电源，熄灭炉火，并迅速有序地离开起火地点，以免爆炸伤人。

3. 如果有沥青外溢到地面着火，可用干沙压住或用泡沫灭火器灭火。

4. 千万注意绝对不能在已着火的沥青上浇水，否则更有助于沥青的燃烧。

六、浇油安全措施

1. 浇油与贴卷材者应保持一定的距离，并根据风向错位，以避免热沥青飞溅烫伤。

2. 浇油时，擔口下方不得有人行走或停留，以防沥青流下伤人。

3. 在屋面上操作，沥青桶及壶要放平，不能放在斜坡或屋脊等处。

4. 在屋面上涂刷冷底子油，铺设卷材，檐口及孔洞应设安全栏杆，30 米内不得进行电、气焊作业，操作人员不得吸烟。

5. 操作要注意风向，防止下风操作人员中毒，浇油与铺卷材应保持一定距离，避免热沥青飞溅伤人，遇大风、雨天应停止作业。

七、防止沥青中毒的措施

沥青中均含有一定有刺激性的毒性物质，如蒽、萘、酚等。为此在施工中必须遵守如下几点：

1. 对患眼病、喉病、结核病、皮肤病及对沥青刺激有过敏的人，不要分配装卸、搬运、熬制沥青及铺贴油毡等工作。

2. 凡从事沥青操作的工人，不可用手直接接触油料，并应按劳保规定发给工人工作服、手套、口罩、胶鞋、围裙、布帽等。如遇刮风天气，应站在上风方向操作。

3. 工人在操作中，如感到头痛或恶心，应立即停止工作，并到通风凉爽的地方休息，或请医生治疗。

4. 施工时应配备防护药膏或药水、急救药品以及治疗烧伤和防暑的药品等。防止沥青中毒的药膏及药水主要用于涂擦手和脸部，其配方为如下。

药膏：用酸化亚铁、滑石粉、甘油以相等的分量与 3% 脂肪配成。

药水：用等量的白黏土、滑石粉、淀粉、甘油和水一起配成。

当施工人员被沥青烫伤时，应立即将黏在皮肤上的沥青用酒精、松节油或煤油擦洗干净，再用高锰酸钾溶液或硼酸水涮洗伤处，并请医务人员及时治疗。

5. 工地上应保证茶水供应，特别是在夏季施工时应合理安排劳动时间，并根据天气情况，适当调整、缩短作业时间，同时采取适当的防暑降温措施。

第三节 涂膜屋面防水施工安全措施

1. 对施工操作人员进行安全技术教育，使施工人员对所使用的防水涂料的性能及所采取的安全技术措施有较全面的了解，并在操作中严格执行劳动保护制度。

2. 热塑涂料加热时，应有专人看管，涂料塑化后入桶，运输和作业过程中必须小心防止烫伤。

3. 涂刷对身体有害的涂料时，须戴防毒口罩、密闭式防护眼镜和橡皮手套，并尽量采用涂刷或涂刮法，少用喷涂，以减少飞沫及气体吸入体内。操作时应尽量站在上风口。

4. 采用喷涂施工时，应严格按照操作程序施工，严格控制空压机风压，喷嘴不准对人。随时注意喷嘴畅通，要警惕塞嘴爆管，以免造成安全事故。

5. 手或外露的皮肤可事先涂抹保护性糊剂。糊剂的配合成分为：滑石粉22.1%、淀粉4.1%、植物油或动物油9.4%、明胶1.9%、甘油1.4%、硼酸1.9%、水59.2%。涂抹前，先将手洗干净，然后用糊剂薄抹在外露的皮肤和手上。

6. 改善现场操作环境。有毒性或污染较严重的涂料尽量采用滚涂或刷涂，少用喷涂，以减少涂料飞沫及气体吸入体内。施工时，操作人员应尽量站在上风处。

7. 当皮肤粘上涂料时，可用煤油、肥皂、洗衣粉等洗涤，应避免用有害溶剂洗涤；加强自然通风和局部通风，要求工人饭前洗手、下班淋浴，并应掌握防护知识，加强个人健康卫生防护。

8. 涂料贮存库房与建筑物必须保持一定的安全距离，并要有严格的制度，专人进行管理。涂料贮存库房严禁烟火并有明显的警示标志，配备足够的消防器材。

9. 在掺入稀释剂、催干剂时，应禁止烟火，以避免引起燃烧。

10. 喷涂现场的照明灯应加玻璃罩保护，以防漆雾污染灯泡而引起爆炸。

11. 施工完毕，未用完的涂料和稀释剂应及时清理入库。

第四节 刚性屋面防水施工安全措施

1. 操作人员应定期进行体检。凡患有高血压、心脏病、癫痫病和精神失常等病症人员不得进行屋面防水作业。

2. 檐口周围脚手架应高出屋面 1 米，架子上的脚手板要满铺，四周要用安全网封闭并设置护身栏杆。

3. 展开圆盘钢筋时，两端要卡牢，防止回弹伤人。拉直钢筋时，地锚要牢固，卡头要卡紧，并在 2 米内严禁行人。

4. 搅拌机应安装在坚实平坦的位置，用方木垫起前后轮轴，将轮胎架空。开机前应检查离合器、制动器、钢丝绳等是否完好。电动机应设有开关箱，并应装漏电保护器。

5. 搅拌停机不用或下班后，应拉闸断电，锁好开关箱，将滚筒清洗干净。检修时，应固定好料斗，切断电源，进入滚筒时，外面应有人监护。

6. 使用井架垂直运输时，手推车车把不得伸出笼外，车轮前后要挡牢，并做到稳起稳落。

7. 振动器操作人员应穿胶鞋和戴绝缘手套，湿手不得接触开关，振动设备应设有开关箱，并装有漏电保护器，电源线不得有破损。

8. 不得从屋面上往下乱扔东西。操作用具应搁置稳当，以防坠下伤人。

9. 操作人员必须遵守操作规程，听从指挥，消除隐患，防止事故发生。

第五节　瓦材屋面防水施工安全措施

1. 有严重心脏病、高血压、神经衰弱症及贫血症等，不适于高处作业者不能进行屋面工程施工作业，同时还应根据实际情况制定安全措施。施工前应先检查防护栏杆或安全网是否牢固。

2. 上屋面作业前，应检查井架、脚手架等有关安全设施，如栏杆、安全网、通道等是否牢固、完好。检查合格后，才能进行高空作业。

3. 当用屋架做承重结构时，运瓦上屋面堆摆及铺设要两坡同时进行，严禁单坡作业。

4. 在坡度大于 25 度的屋面施工时，必须使用移动式的板梯挂瓦，板梯应设有牢固的挂钩。

5. 运瓦和挂瓦应在两坡同时进行，以免屋架两边荷载相差过大发生扭曲。

6. 屋面无望板时，应铺设通道，严禁在桁条、瓦条上行走。

7. 屋面上若有霜雪时，要及时清扫，并应有可靠的防滑措施。

8. 上屋面时，不得穿硬底及易滑的鞋，且应随时注意脚下挂瓦条、望砖、椽条等，以防跌跤。

9. 铺平瓦时，操作人员要踩在椽 C 条或檩条上，不要踩在挂瓦条中间。在平瓦屋面上行走，要踩踏在瓦头处，不能在瓦片中间部位踩踏。

10. 铺波形瓦时，由于波形瓦面积大，檩距大，特别是石棉波瓦薄而脆，施工时必须搭设临时走道板，走道板宜长一些，架设和移动时必须特别注意安全。在波瓦上行走时，应踩踏在钉位或檩条上边，不应在两檩之间的瓦面上行走；严禁在瓦面上跳动、蹬踢随意敲打等。

11. 铺薄钢板时，薄钢板应顺坡堆放，每垛不得超过三张，并用绳子与檩条临时捆牢，禁止将材料放置在不固定的横椽上，以免滚下或被大风吹落，发生事故。

12. 碎瓦杂物集中往下运，不准随便往下乱掷。

参考文献

［1］叶刚. 防水工初级技能. 北京：金盾出版社，2009.

［2］耿文忠. 防水工程施工. 北京：机械工业出版社，2009.

［3］程琼武. 防水工. 武汉：湖北科学技术出版社，2009.

［4］高艳娇，李慧婷，赵树立. 防水工基本技能. 北京：中国林业出版社，2009.

［5］叶琳昌. 防水工手册. 第二版. 北京：中国建筑工业出版社，2005.

［6］王琦. 防水工程施工与组织. 北京：中国水利水电出版社，2009.